U0018179

打造 敏捷 企業

Doing Agile Right

Transformation Without Chaos

在多變的時代, 徹底提升組織和
個人效能的敏捷管理法。

Darrell Rigby
戴瑞・里格比

Sarah Elk
莎拉・艾柯

Steve Berez
史帝夫・貝瑞茲

——著——

江裕真

——譯——

經營管理 178

打造敏捷企業：在多變的時代，徹底提升組織和個人效能的敏捷管理法

作　　　者　戴瑞‧里格比（Darrell Rigby）、莎拉‧艾柯（Sarah Elk）、
　　　　　　史帝夫‧貝瑞茲（Steve Berez）
譯　　　者　江裕真
責 任 編 輯　林博華
行 銷 業 務　劉順眾、顏宏紋、李君宜

總 　編 　輯　林博華
發 　行 　人　凃玉雲
出　　　版　經濟新潮社
　　　　　　104台北市民生東路二段141號5樓
　　　　　　電話：(02) 2500-7696　傳真：(02) 2500-1955
　　　　　　經濟新潮社部落格：http://ecocite.pixnet.net
發　　　行　英屬蓋曼群島商家庭傳媒股份有限公司城邦分公司
　　　　　　台北市中山區民生東路二段141號11樓
　　　　　　客服服務專線：02-25007718；25007719
　　　　　　24小時傳真專線：02-25001990；25001991
　　　　　　服務時間：週一至週五上午09:30-12:00；下午13:30-17:00
　　　　　　劃撥帳號：19863813；戶名：書虫股份有限公司
　　　　　　讀者服務信箱：service@readingclub.com.tw
香港發行所　城邦（香港）出版集團有限公司
　　　　　　香港灣仔駱克道193號東超商業中心1樓
　　　　　　電話：852-25086231　傳真：852-25789337
　　　　　　E-mail: hkcite@biznetvigator.com
馬新發行所　城邦（馬新）出版集團Cite(M) Sdn. Bhd. (458372 U)
　　　　　　41, Jalan Radin Anum, Bandar Baru Sri Petaling,
　　　　　　57000 Kuala Lumpur, Malaysia.
　　　　　　電話：603-90563833　傳真：603-90576622
　　　　　　E-mail: services@cite.my
印　　　刷　漾格科技股份有限公司
初 版 一 刷　2022年12月22日

城邦讀書花園
www.cite.com.tw

ISBN：978-626-7195-14-7、978-626-7195-16-1 (EPUB)　　　版權所有‧翻印必究

定價：520元

之所以選擇「**經營管理—經濟趨勢—投資理財**」為主要目標,其實包含了我們的關注:「經營管理」是企業體(或非營利組織)的成長與永續之道;「投資理財」是個人的安身之道;而「經濟趨勢」則是會影響這兩者的變數。綜合來看,可以涵蓋我們所關注的「個人生活」和「組織生活」這兩個面向。

　　這也可以說明我們命名為「經濟新潮」的緣由——因為經濟狀況變化萬千,最終還是群眾心理的反映,離不開「人」的因素;這也是我們「以人為本位」的初衷。

　　手機廣告裏有一句名言:「科技始終來自人性。」我們倒期待「商業始終來自人性」,並努力在往後的編輯與出版的過程中實踐。

這本書要獻給那些，幫我們把「傑出的企業應該要產出更優秀的人才」這樣的信念分享出去的朋友，以及那些讓我們的工作與成長都十分充實的同事與客戶們。

目次

從正確理解「敏捷」開始，
逐步審慎地推動敏捷轉型

孫一仕

　　筆者在2015年參與了在當時台灣銀行業極少數採用敏捷方法（Agile）開發app的專案，並打造出台灣第一個數位品牌：台新銀行Richart。敏捷開發對我而言，並不純然是軟體開發的方法，而是「所有成員能夠捐棄本位主義，圍繞著客戶需求的團隊合作」，我認為最重要的並不是開每日站會，也不是每兩週的衝刺的SCRUM手法，而是所有成員為了儘早推出Richart所展現的團隊合作精神。

　　在Richart內部經驗分享會議後，一位主管問我，如果他們也要運用敏捷方法來開發系統，要如何開始？引發了我開始思考幾個問題：「敏捷開發適合所有的系統開發嗎？」、「瀑布式開發真的一無是處嗎？」、「敏捷工作法只適用於軟

體開發嗎？」、「敏捷工作法要如何擴展到整個組織？」、「敏捷工作法需要擴展到整個組織嗎？」等等這些問題，一直縈繞在我的腦海裡多年。

在偶然的機緣看到這本書《Doing Agile Right》，裡面的觀點提供了上述問題的大部分答案，裡面所舉的狀況也讓我心有戚戚焉。很高興經濟新潮社出版了中文版《打造敏捷企業》，也很高興能夠有機會介紹此書。

本書是由知名的貝恩（Bain）策略顧問公司的三位顧問，依據該公司以及世界其他企業的商業案例、相關的論文、分析報告，總結了執行敏捷工作法所需要具備的先決條件，並提出了具體執行的建議。

本書一開始就強調對敏捷工作法的誤解／誤用，將會產生「劣質敏捷」，所產生的負面影響將會讓企業付出極大的代價。第一個誤用就是「為敏捷而敏捷」，任何管理理念、創新流程、科技工具都有其侷限性，了解敏捷的適用性，才能發揮敏捷的最大效益。

敏捷是一種工作方式，不是只能用於軟體開發，雖然最早是源自於「敏捷軟體開發宣言」。本書第一章就以虛構的食品公司為案例，描述食品開發也可以運用敏捷工作法，並簡單介紹了敏捷軟體開發的起源及基本精神。

　　如何擴展敏捷工作方法以及組織架構是本書另一個重點，作者非常強調運用敏捷工作法與每家企業的特性、文化直接相關，完全照抄某家敏捷企業如Spotify的組織架構，期望藉由這樣的大爆炸式（Big Bang）變革，來達到脫胎換骨的目的是不可能的。

　　因此作者指出，「挑戰並不在於在所有的地方都用敏捷取代官僚體制，而在於如何找到二者之間的平衡」，書中介紹了敏捷企業（Agile Enterprise）的企業體系，讓官僚體制和創新活動彼此攜手共創更優異的成果，還有如何在現有的組織中以敏捷團隊的方式，逐步擴展敏捷工作法的影響範圍。書中也介紹了博世公司（Bosch）如何在六年的期間逐步建立敏捷團隊，並在不同領域獲得明顯的成效。

　　敏捷工作法與傳統的階層式指示／控制的領導方式有很大的不同，在本書中有一個章節專門提及領導力，建議企業的領導者要如何調整自己的觀念，引導甚至是自己參與執行敏捷工作法。

　　本書也提出了一項非常務實的議題，如何編列「敏捷」的預算。敏捷工作法的基本概念之一，就是會依據試驗結果進行調整，也因此在費用預估上與傳統的預算制度會產生衝突，本書提出了相關的建議，建議如何保持敏捷工作法的費

用彈性。

《打造敏捷企業》不是一本教你如何執行敏捷工作法的書,也不會教你如何執行SCRUM。對於敏捷這個議題有興趣的朋友都應閱讀此書,並靜下心來想清楚為何你的組織需要敏捷,如何開始敏捷,並且要如何擴展敏捷。書中提到許多成功的案例,如戴爾(Dell)、博世(Bosch)、蘇格蘭皇家銀行(RBS)、亞馬遜(Amazon)等。但是個人認為更有價值的反而是一些未具名的失敗案例,因為敏捷轉型的結果很容易不如預期,從失敗的案例可以從中釐清許多似是而非的認知。相信大家讀完本書之後,將會和我一樣產生「知易行難」的感慨,但是這本書最大的價值也就在指出了執行的方法,省去了摸索,避免了錯誤,讓敏捷工作法能夠發揮最大的效益。謹在此推薦大家閱讀本書,找到最適合自己的敏捷轉型。

本文作者為台新金控資訊長

先行者的旅程心得，有心人的壯遊指南

林裕丞

如果只能選一本推薦給領導者與管理者的敏捷書籍，那就是這一本了！

筆者在 2018 年與熱血的敏捷同好們一同創立台灣敏捷協會，希望能把「敏捷」（Agile）這個在矽谷驗證了數十年的有效工作方法推廣到台灣，灑出敏捷精神的種子，協助打造開心高效的敏捷工作環境，也因此有機會到各個企業、機關和學校，分享新加坡商鈦坦科技從 2014 年開始導入敏捷的經驗，與導入過程中的酸甜苦辣。

在分享的過程中，筆者搜集各種組織中的痛點，最後發現可以把痛點歸納成「三種話」以及「三不足」。

在工作中常聽到的「三種話」：老闆聽不懂人話、部屬不出好話、同事等著看笑話。

（簡單地講，就是上、下、平級溝通不順暢）

以及工作中經常面對的困境「三不足」：預算不足、人才不足、時間不足。

（白話地說，就是缺乏錢、人、時間等資源）

不論到哪一個產業、哪一間公司，提出的問題大都是在「三種話」和「三不足」的迴圈中打轉。而敏捷提供了超越的思路，藉由迭代、自組織、透明化等工作方法，幫助我們能夠從更高的維度來看待和處理事情，跳脫輪迴，往理想中的工作環境邁進。

既然把敏捷說得那麼美好，但如果問問身邊公司有導入敏捷的朋友們：「你覺得敏捷跑起來如何？」個人相信回答會是非常兩極的。要嘛就是非常反感，要嘛就是非常受用。明明就是簡單「敏捷」兩個字，怎麼會搞得像是天堂與地獄差別那麼大呢？

筆者認為敏捷就像是露營，就算是說再多露營如何好玩，對於沒有露過營的朋友來說，都只能用腦補來想像。當被說服了，鼓起勇氣，空下時間去露營，就會發現實際體驗和腦補的想像不一樣。

比如說，運氣好遇到了晴天又涼爽的天氣，準備了舒適的睡墊和美味的伙食，跟到了有趣又有服務心的夥伴，一起

去度過輕鬆愉快的初次體驗，那也許就會覺得露營不錯，願意嘗試接下來的第二露、第三露，甚至成為露營的推廣者，帶著朋友一起體驗露營的樂趣。

相反的，如果不巧遇到整天下雨打雷，睡在凹凸不平的地面上，瓦斯爐壞了只能乾啃泡麵，夥伴不幫忙就算了還一直抱怨指責，帳篷有破洞還一直滴水像瀑布，兩人擠在濕濕黏黏的帳篷大眼瞪小眼，早上腰酸背痛地起床，在傾盆大雨中狼狽地收起帳篷回家，如果第一次露營就遇到這樣的狀況，還會想去露營嗎？

露營前的準備工作、一起露營的夥伴、遇到狀況時的排除技巧與健康的心態，短短兩天一夜的露營，都有這麼多的考量和變因了，那麼在組織中有數十位到上萬位的夥伴，要如何能夠把敏捷跑好呢？

在《打造敏捷企業》這本書的八個章節中，每一章的結尾都有列出該章的五大重點，比如說第四章〈領導敏捷轉型〉中所提到的：「唯有領導者能夠改變自己，才可能改變企業文化與組織。未能承諾於學習與執行敏捷手法的領導者，就不該推動敏捷轉型。」

如此中肯的建議，在本書中不斷出現，也讓我拿著書欲罷不能地讀下去，同時也和自身的經驗做驗證和反思，誠如

書中反覆強調的：「如果你和你的團隊覺得推動敏捷沒有樂趣可言，那就是你沒把它做對。」筆者也的確因敏捷接觸到了 Scrum、看板、引導、教練、薩提爾、正念等等讓自身越來越開心的事情。

本書精彩的內容和精闢的闡述，正是由「露過營」也就是有跑過敏捷的老手，搜集了許多案例和自身經驗的成果。跳脫了坊間敏捷書籍大多著重在工具和方法，這本書直指核心地提供領導者和管理者需要具備的觀念，具備了這些觀念，也就能更善用敏捷的工具和方法，就像是把《九陽真經》的內功用心練好，《九陰真經》的外功就手到擒來了。

感謝貝恩策略顧問公司（Bain & Company）的作者群和城邦出版集團的經濟新潮社共同打造這本書，嘉惠中文世界的企業和組織。

敏捷是經驗導向的過程（Empirical Process），沒有一本書可以代替讀者走過敏捷的旅程，本書也不例外。幸運的是這本書指出了明確的方向，可以幫助您避免許多的坑，走在相對有效與安全的路上，更能安心享受著旅途上的美好景色與體驗。

恭喜您踏上高效協作與幸福人生的旅程，願我們一同創造美好共好的世界。

敏捷黑手阿一（林裕丞 Yves Lin）

《黑手阿一的實戰報告》部落格 yveslin.com

分享敏捷、正念、撓場帶來的高效團隊與幸福自在

《敏捷管理生存指南》作者，《原來你才是絆腳石》譯者

台灣敏捷協會創會理事長

氣機科技共同創辦人

新加坡商鈦坦科技戰略顧問

遇見敏捷真是好緣分

李境展

　　遇見敏捷，也就是一個緣分。敏捷二字，到底是指敏捷開發？敏捷思維？敏捷企業？還是敏捷團隊呢？這真敏捷和假敏捷，兩者該如何趨吉避凶，化險為夷呢？我很欣賞作者所言，想把敏捷做對是需要敏捷團隊與敏捷系統兼具，也就是必須成為敏捷企業。把敏捷做對和「找出更好的工作方式」完全有關，讓人們更快樂更有創意，可以建立更好的團隊協作來做這件事。敏捷企業的目的在創造出均衡的系統，可以有效率地根據變動的顧客需求做出調整，為顧客創造更好的成果。

　　鈦坦科技是一家總部位於新加坡的軟體開發公司，致力於協助企業顧客的線上軟體平台開發與維護，員工來自10多個國家，產品使用者遍布全球，是近年來在亞洲以成功實踐

「敏捷管理」而聞名的軟體公司，並且獲獎無數。究其背後的核心企業精神與文化信念，全都是因為「敏捷」。

《打造敏捷企業》這本書中分享了許多企業的敏捷之路，三位作者從過去顧問實施敏捷企業的經驗中，透過紀錄整理出這些在書中的各章節重點，這些企業絕大多數都發展出一套各自的方法。這些帶著勇氣和創意的「不一樣」，讓它們得以在推動敏捷導入的時候，沒有落入許多其他的準敏捷企業曾經踩坑的陷阱，也不是一時的跟風而已。

我們在許多知名的演講、書、文章、影片中，經常看見因不同觀點而被二元分類的所謂「雞湯」和「乾貨」的差異，如同這本書中刻意地區分真、假敏捷，然而個人覺得最大的不同點在於「和自己觀點的連結」。

書中的許多故事，透過案例的分析整理，看到相應的比較，對熟悉敏捷的朋友們來說似乎有些既視感，有些個人期望的投射，更多的是對於敏捷企業信念的支持。因為有各種敏捷實踐的樣態，我相信每個人都可以在看見自己的同時，找到適合自己組織的方法。

當看到故事或文章，與個人經驗和信念價值觀連結度高的時候，當下會湧起一股高度的認同感，是那種心有戚戚焉的讚賞這個絕妙觀點與洞察，感受和作者彼此的相知相惜、

相見恨晚的狀態，可以按讚、比愛心、加小鈴鐺、換個 LinkedIn 加賴⋯⋯等，是 AHA moment，是同頻共振的超級乾貨。然而，還是會有一些連結度低、認同感弱的⋯⋯嗯，一般統稱「和我不相干的雞湯好文」，這些都來自於個人的狀態。

這種二元化來自於個人的「限制性信念」，來自於戀棧過往至今的成就，來自於自我保護、焦慮、恐懼、抗拒、執念⋯⋯等。我鼓勵每個人可以看見自己，然後可以解開限制，可以迎接開放，可以全然地接納自己和他人。歷經的故事愈多元、體驗的生活愈多樣，信念會愈開放接納，價值觀會愈多元尊重，待人處事態度會更有彈性。無邊無際的探索可以形塑一個開放的自己，心開了，就有了開心的狀態，可以開心每一天。擁有一個開放的狀態來接觸敏捷，理解敏捷的價值，看見願景可以逐步實踐。

《打造敏捷企業》是一本分享了滿滿實戰案例故事，和日常工作執行建議的入門指南，提供敏捷案例的洞察，提醒實踐敏捷的節奏。遇見敏捷真是好緣分，透過這本書告知考慮踏上敏捷企業的領導者們該如何做準備，可以持續地檢視自身和企業現況，這樣便可以愈來愈真敏捷。

李境展 Tomas Li

新加坡商鈦坦科技　總經理

CSP-PO, CSP-SM, LeSS, Scrum@Scale, PMP

〔推薦序〕

組織的敏捷轉型之路

楊千

為什麼現在的組織更需要敏捷？

因為如今這個時代，從長計議的行為越來越少，也越來越不可行了。再加上，現在的交通工具與視訊會議的平台也容許經營團隊更有效率地做集體決策，以滾動式的調整來重新分配與佈局資源。滾動式的調整，就是一種敏捷行為。

原本賣自行車的萊特兄弟開始實驗飛行器，到今天也才跟中華民國的歲數差不多。而現在的人類不但可以登陸月球、可以建太空站、可以放大量的低軌衛星，甚至可以在火星上放空拍機。科技的進步因累積的知識與工具，使世界產生了大變化，讓今日的人比上一代人的體驗更多更豐富。世界的變化，在規模上比上一個世紀來得大，在變化的速度上也更快了。

　　未來的世界，一年的變化會比過去十年的變化更大、更快。所以過去通常五年才做一次的策略規劃現在都跟年度規劃一起思考了。現在的長期其實越來越短了，所以現在的組織更需要強調敏捷。當然，將計畫作滾動式的調整也成了常態。

敏捷是什麼？敏捷為什麼需要均衡的發展？

　　變形蟲、蛇、豹都是在它們各自生活的環境中反應非常快或敏捷的動物。以豹為例說明敏捷的話，一般人很快就會想到牠的反應極快，周邊的環境或是獵物有所改變，豹都會很敏捷地在行動上反映出來。對這些動物來說，敏捷不是隨時隨地全天候的。牠也有等待與休息的時段。

　　如果豹的腿上扎了一根刺，牠的敏捷就大大打了折扣。同理，一個敏捷的組織，幾乎每個部門都非常重要，任何一個部門都可能是瓶頸，所以每個部門都需要在一個最佳的狀態。因此敏捷的意涵除了快速，也包含均衡的發展。

　　管理本來就是今日與明日的拔河。我們不但要讓企業今日生存，更希望它能永續。在企業經營過程中總是需要化解一些衝突的因素：長期與短期、營收與獲利、局部與全體、官僚體制與靈活創新。這些不同的因素必須兼顧才有均衡健

康的發展。組織裡每個單位都有其存在的原因，都應是他人的祝福，不應是他人的負擔。但是，人為的世界並不那麼美好。良好的系統，大都是演化來的而不是第一次就設計完美的。所以，衝突永遠存在，管理就是在化解這些衝突，讓整個組織能均衡地發展。

敏捷的組織有什麼特色？

這本書提到作者們熟悉的幾家公司。書中一開始說明了一些公司對敏捷的錯誤認知，第八章也詳細記載了亞馬遜公司實施敏捷的故事。如前段所說，一個敏捷的公司不是樂園也不是天堂，它當然充滿了化解衝突的故事。但整體來說，一家公司要在同業中表現傑出，它必須能兼顧到客戶、員工，與股東的整體利益。亞馬遜公司當然也有它不完美之處，但是卻有個中心思想指導它維持在敏捷的狀態：要均衡、有效率地讓客戶滿意。若有衝突，就持續地化解這些衝突。但是，讓客戶滿意的中心思想絕不改變。

中心思想是很重要的。亞馬遜以顧客為核心的思想就是它組織行為的最高指導原則。其團隊中每一個人都有最大的自由度，但都不脫離這個中心思想。像在企業管理培訓中常用到的西南航空公司個案，員工都有相當大的自由度。類似

的概念在蘋果也有：蘋果並沒有設置委員會，每個任務都由一個人當責，做最後的決定。當每個人、每個小單位，都有很大的自我管理能力與自由度，那麼溝通協調的成本可以大大降低。同事之間相互信賴分工合作，彼此交付了當責的任務。敏捷的組織非常強調自我管理的能力，所以，我們在錄取新人或邀請共事的人，也應該要注意他們是否具有這方面的能力。

鴻海集團創辦人郭台銘表示過，在本質上，鴻海賣的是速度，不是賣商品。我常想一家公司如何能做到「一邊搬家，一邊接單，一邊出貨」呢？如果全天下的企業都做不到也就算了。如果你的競爭者做得到，你就要緊張了。

要打造一個敏捷的團隊，最重要的就是領導者的行為

本書最重要的一句話就是；「要打造一個敏捷的團隊，最重要的一件事就是領導者的行為。」

我們學習，最簡單的方式就是歸納。我們觀察現象，閱讀個案，看看已經驗證過的錯誤與正確的做法，整理歸納之後，選擇自己能力所及的方式去調整組織的體質，讓它敏捷。本書首先介紹了一些錯誤做法，然後很詳細地描述一些個案說明正確的做法。同時附錄裡有所有相關的研究敏捷的

文獻，以及轉型敏捷的詳細步驟，為有興趣的讀者提供了一份實證的報告以及路徑圖。領導者當然就要將敏捷放置在自己靈魂的深處，誠於中形於外地感染整個組織逐漸敏捷，也讓自己成為整個組織正面的能量。

本文作者為陽明交通大學榮譽退休教授

前言

失衡的公司

敏捷（Agile）這種企業經營理念，已正式進入企業管理手法的主流之林，它標榜的是交給移動迅速又能自我管理的一或多個團隊，來推動創新。走進這年頭的大公司去看一看，你會發現，幾乎每家公司都有多支敏捷團隊，在幫忙改善顧客體驗與企業流程。德國的農業機械製造商強鹿（John Deere）公司，已經在用敏捷手法開發新款機器；聯合服務汽車協會（USAA, United Services Automobile Association）用敏捷手法推動顧客服務的轉型；3M則用敏捷來推動大型併購案的整合工程。在全球有四十多萬名員工的技術暨服務供應商博世（Bosch）公司，已採用敏捷原則，一步一步重新形塑自己。至於亞馬遜（Amazon）、網飛（Netflix）以及Spotify等數位原生企業，也已經在範圍廣泛的創新活動中，

引進敏捷手法。與此同時，敏捷實際上已經接管了資訊部門，它自己就是創新的無窮來源。根據最新統計，有八成五的軟體開發商，都會在工作中運用敏捷的技巧[1]！

敏捷的手法之所以迅速擴張，原因很明顯，也沒什麼好訝異的——大多數的大企業，都覺得創新真的很不容易做到。官僚體制的結構與流程，成了大企業沉重的負荷。敏捷可以讓慘遭許多組織壓抑的創新精神重獲自由。它可以幫助企業重塑提供給顧客的產品與服務，以及內部的營運方式。敏捷可以轉變工作環境，讓大家的工作創造更多價值。

聽起來敏捷好像很厲害似的，但確實有資料可以佐證。一個個的研究發現，敏捷團隊在創新上，會比以傳統方式運作的團隊來得成功許多，這毫無疑問。敏捷手法可以更快看到改善的成果，而且成本更低。員工的滿意度與參與度會提升。更棒的是，企業在實施敏捷的同時，並不需要把一些獨立的業務單位拆分出來，也不必把臭鼬工廠（skunkworks）帶離官僚體制。企業可以在預計會因為敏捷獲益的任何事業或任何部門實施敏捷，包括企業總部也是。一旦學會了敏捷的基本手法，企業可以將之擴大實施，建立數以百計的獨立敏捷團隊，或是敏捷團隊的敏捷團隊，處理大型專案。瑞典紳寶集團（Saab）的航太事業，就為獅鷲（Gripen）噴射戰

鬥機，建立了橫跨軟體、硬體與機身的一百多個敏捷團隊。
該款戰鬥機要價四千三百萬美元，肯定是世界上最複雜的產
品之一。軍事專業雜誌詹氏（IHS Jane's）視之為全球成本
效益最佳的軍用飛機。

是的，敏捷手法正在廣為擴散，敏捷團隊大多數都達成
了其目標。看起來敏捷能夠促使企業朝著令人心嚮往之的願
景邁進。這麼去想，有什麼不對嗎？

這樣的基本想像當然沒什麼不對。我們幾個都是企管顧
問，也都在全球數百家企業身上，見識過敏捷的威力與潛
力。我們已協助過其中的許多企業實施敏捷，我們自己就是
敏捷最大的粉絲之一。

但如同許多好想法一樣，實際做起來的結果，有時候會
和期望的不一樣。敏捷手法實在擴散得太快，以致於瀕臨失
控的邊緣。有些企業把敏捷運用得很有效，但也有一些企業
誤解或錯誤使用了敏捷。有可能是敏捷的某些熱情支持者，
畫了大餅慫恿他們這麼做的。他們可能在還沒有全盤了解敏
捷式的轉型會帶來什麼結果之前，就一頭栽了進去。他們可
能是用敏捷手法的術語，來掩蓋一點也不敏捷的一些目標。

很多公司這樣錯誤地使用敏捷，只帶來了混亂，而非建
設性的改變。但這造成的傷害，超乎任何一家公司過去的經

驗。以錯誤方式實施的敏捷，可以說絕大多數都帶來了糟糕的後果。而糟糕的後果又會讓顧客侷促不安，讓員工不滿，促使維權投資人出現，還會出現一股希望撤換管理團隊的聲音。接替上台的管理團隊，可以想見對於前朝的任何策略，都會抱持懷疑的態度。他們可能會清理門戶，解散那些敏捷團隊，（也可能會）來一輪裁員。這是格雷欣法則（Gresham's Law，即「劣幣驅逐良幣」）的一種狀況：劣質的敏捷把優秀的人趕走了。如果這種狀況太常發生，敏捷會讓人信心全失，商業世界將回到開始有敏捷之前的日子，你會看到那些重心不穩的官僚體制企業，絕望地在那裡掙扎著要跟上活力十足的新興企業，與迅速變遷的市場。

因此，在這本書裡，我們希望能回顧現實，把敏捷分成**做得對**與**做得不對**這兩種。在前言這裡，我們會聚焦於錯誤的部分，坑洞與陷阱的部分，也就是企業對於敏捷已經如何有所誤解或誤用的部分。我們希望能透過書裡的教訓與示警性的故事，先幫各位打好預防針，不要以為敏捷能夠神奇地迅速搞定問題。但我們在前言裡也會介紹一些想法，讓各位知道接下來的幾章要談些什麼——談如何才能正確導入敏捷。我們會提供一份後續章節的路線圖，也會摘要介紹構成本書骨幹的研究。要想正確實施敏捷，需要的時間與嘗試，

可能會比錯誤使用敏捷時要來得多。但這是唯一一種方式，可以得到敏捷的哲學承諾你能得到的那些成果。

這樣導入敏捷並不對

很多人都記得在《公主新娘》（*The Princess Bride*）這部電影裡，劍客埃尼戈・蒙托亞（Inigo Montoya）喝斥狡猾的維齊尼（Vizzini）那一幕：「你就繼續講那個字沒關係。我認為那個字的真正意思，並不是你想的那樣。」而敏捷也是如此。很多企業高階主管，都未能真正理解敏捷是怎麼運作的，以及它究竟是哪裡成功，為什麼成功。但他們並沒有因而停止四處賣弄敏捷的術語，也還繼續對敏捷做一些根本不真實的假設。

他們的一些誤解，反映出一個事實：敏捷手法，尤其是和拓展敏捷創新團隊的範疇與規模有關的部分，相對來說還是比較新穎的，很多企業領導者對此根本還沒有足夠的了解。比如說，我很常聽到一個說法：敏捷手法是很棒沒錯，但是只對以科技為基礎的創新，以及創造這些創新的資訊部門管用。這種說法，會被以下這些單位狠狠打臉：用敏捷手法打造新廣播節目的美國國家公共廣播電台（National Public

Radio）、用敏捷手法打造獅鷲噴射戰鬥機的紳寶集團，或是海爾（Haier）公司家用電器的那些工程人員，以及許許多多用敏捷手法重塑其供應鏈的公司。從歷史資料來看，沒錯，敏捷手法在資訊部門擴散最快，但其他許多的情境，同樣也都廣泛而成功地運用了敏捷手法，其中有一些單位，它們在性質上，其實科技的色彩是很淡的。

我們很不想這麼講，但其他一些對敏捷的誤解或誤用，反映出的是企業領導者有多虛偽。看看美國百貨龍頭西爾斯（Sears）的執行長愛德華・蘭柏特（Edward S. Lampert）在2017年召開的一場記者會所言：「除了今天宣布的成本刪減目標外，我們也會持續評估整體營運模式與資金結構，力求成為一個更加敏捷的……以及聚焦於會員體驗的零售商。」[2]在這個情境中，「敏捷」是用來委婉表達「裁員」的意思。但這不是特例。每個月，我們都會收到比先前更多的用這樣的句子開頭的需求建議書：「（要是你們接受的話，）專案計畫的目標是在今年減少三成的營運成本，並且讓組織轉型為採用敏捷的工作方式與數位科技。」

寄出這些需求建議書的人並不清楚，混亂的大規模裁員，與敏捷之間，基本上是相悖的。一方面是因為，大規模裁員，通常是出於急就章的組織結構重整，或依照年度預算

週期，而一批一批的裁。而這和敏捷帶來的藥方，也就是持續性的學習與調適流程，是完全背道而馳的。其次也是因為，高階主管們基本上都是關起門來，考量組織的新結構或固定的幾個目標，而列出裁員名單。但這和敏捷的原則「授權最接近某工作的員工找出改善機會」是相左的。最糟糕的一點是，試圖要把敏捷和裁員湊成對的企業領導人，其實是在不經意間做出了有違敏捷的行為。他們推動的是可預測的、命令與控制式的活動，而非敏捷的、嘗試與學習的文化。此外，研究顯示，大規模裁員會促使大家規避風險，減緩創新的速度。大家都忙著學會做新的事情，爭取掌管關鍵部門，才不管組織架構圖上是怎麼畫的。他們會盡一切可能確保自己明年有位子可坐，到時候可能就要定生死了。絕大多數狀況下，員工變成必須用更少的人力做他們已經知道怎麼做的事，在這種環境下，敏捷很難發揚光大。

不過，在實施敏捷手法時，還有另一種不同的錯誤，並不是出於完全的無視或是虛偽，而是因為敏捷的死忠支持者出於善意推廣它，而造成的。這些人把敏捷這套東西，推銷給急著想讓自己的公司行事變得更迅速，也更有創新能力，但是又不熟悉敏捷是如何運作的領導團隊。我們和數百家公司合作過，推動過數千個敏捷活動，以下是我們整理出來的

三種在誤用敏捷時會造成的有害的錯誤：

敏捷，敏捷，無處不敏捷

有些敏捷的宗師把敏捷視為萬靈丹，主張任何公司的任何事業單位的任何部門，都要全面用敏捷取代掉官僚體制。

現在來想想一個例子。假設有一家公司叫魔術敏捷（MagicAgile；我舉的是真實公司的例子，但我不想講出它的真名，因為我們和該公司領導團隊的對話需要保密），這家公司的人，希望公司能夠變得像串流音樂業者Spotify那種「數位顛覆者」（digital disruptor）一樣，以敏捷的創新團隊聞名。所以，魔術敏捷公司在全組織的每個角落，都設置了敏捷團隊。該公司也重新設計了辦公空間，打造更多開放式的工作區域。推動創新時，是以顧客與員工的體驗為中心。看在敏捷手法的熱心信徒眼裡，魔術敏捷公司就像個最佳典範一樣，如果不去看2018與2019年初，該公司的市值掉了一半的話（你也可以板起臉堅稱，如果他們沒做這樣的轉型，事情會變得更糟糕，或是說股東價值根本不重要之類的）。但在我們和魔術敏捷的領導團隊舉辦的一場開誠布公的會議裡，該公司幾乎每位高階主管，都提到明顯可見的成果比別人少這件事，讓他們甚感挫折。他們提到諸如此類的

話：「敏捷引發了領導問題，現在已經沒有紀律與一致性可言了，就是一團亂。」「我們做過頭了，每個人都在講僕人式領導與心理安全感，沒有人敢使用管理者這個字眼，所有管理者都躲起來了。」「損益表上的數字要算是誰的責任，變得很混淆。」「每當我們要給予事業單位策略上的指導，就會遭到批評與無視。」「這是在為敏捷而敏捷，我們誤闖冒牌教會，在它的祭壇前祈禱。」

　　那些熱心認為敏捷就該在所有角落都實施的信徒，未能詳加了解在某些場所與情境下，官僚體制還是有其歷經時間淬煉的優點在。同樣是這套官僚體制，如今卻廣受外界批判為「站在變革的對立面」，而創新這件事，卻被譽為「它本身就是企業發展史上最棒的創新之一」。科層式權威、專業分工以及標準作業程序這些官僚體制的最大特色，讓企業得以成長到遠比過去來得大的規模。官僚體制的原則，在商學院課程或企業的教育訓練計畫裡，一樣是老師口中很好的實務管理方式。企業都學到了可預測性與事前規劃的優點，厲害的官僚也爬到了組織的頂層。

　　現在的我們，知道官僚體制的限制所在。偉大的德國社會學家馬克斯・韋伯（Max Weber），是有系統地對官僚體制做出描述的第一人，他很清楚其效能所在，但他曾經警告

過，官僚體制可能會製造出一個冷冰冰的「鐵籠」，把人們
關在不人道的組織裡，因而限制了他們的潛能[3]。他說得
對，大多數現代人，都在官僚體制中工作，他們大多數也都
覺得，心靈上不是那麼投入工作。年輕人之所以普遍喜歡新
創企業與小公司，而比較不喜歡自己的整個職涯都是在公司
裡忙著往上爬，就反映出官僚體制的這種缺點。再來，沒
錯，官僚體制的創新能力也很糟糕。要想讓官僚體制發揮效
能，其組織性任務——也就是要對外提供什麼，以及如何提
供——必須明確、變動小，而且要可預測。但根據定義，創
新這件事完全不符合上述的標準。這種種的限制都導致了官
僚體制的惡名昭彰，也助長了像是敏捷這種反官僚體制的管
理手法。

　　然而，請各位想想，假如我們在企業的食品與藥物安
全、反歧視與政策、會計準則、飛航安全、品質管制，以及
生產標準等領域大肆鼓勵多樣化、現場實驗，以及分散式決
策等做法——這些都是敏捷手法的特色——會造成什麼樣的
負面結果？每家公司都有事業要經營，都必須產出標準化的
產品，提供可預測其內容的服務給顧客。每家公司都需要官
僚式的結構與程序，包括逐級批准事情、專業分工，乃至於
標準化作業程序，才能精準滿足上述的需求。

　　簡單講，挑戰並不在於在所有地方都用敏捷取代官僚體制，而在於如何找到二者之間的平衡點。每一家公司都有自己的事業要經營，它們都必須善於營運。每一家公司也都必須調整其事業內容，不只要持續導入新產品與服務，也要導入新的作業方法與程序，它們都必須善於創新。雖然這兩大任務需要不同的技能才能完成，但二者之間並非彼此對立。它們是互補、共存與互利的兩種能耐，都需要對方幫忙才能存活下去。不夠專注於創新，會讓一成不變的企業難以因應變遷的環境。對營運不夠重視，會導致企業的混亂——低劣的品質、高成本，也對顧客與企業自己造成風險。

　　現代的大企業，大多數都已過度偏向官僚體制，欠缺創新。這使得企業只願意承諾於創造可預測的成果。這也是敏捷手法之所以受到歡迎的原因。但解決方法並不是要你全面擴大實施敏捷，往創新的方向狂飆。解決之道反而在於，對於那些得宜的官僚體制規則或是階層，要繼續沿用下去，但是要盡可能多加點人性進去。與此同時，還要在適合運用敏捷之處導入敏捷，與官僚體制健全地共存。這聽起來很簡單，但實際上並非如此。敏捷和官僚體制就像油和醋一樣，一起用很不錯，但二者不容易相混（有時候敏捷和官僚體制之間會比較像硝酸和甘油，會導致爆炸）。敏捷團隊的成長

靠的是行事迅速，會嘗試新點子，而且常是在點子都還沒完全成熟的階段，就找潛在顧客來測試。它們才不管繁文縟節，也不會照詳細規劃的計畫走。要想讓這樣的團隊在組織裡成長茁壯，就必須給予很大的自由空間與很多的支持。當然，官僚體制是完全相反的。它們得靠緊密的控制才能茁壯，或者該說它們需要緊密的控制。官僚體制會想要得知，一個團隊目前執行計畫的進度到哪裡、未來十二個月預計要做些什麼，以及到底得花多少成本去做。對傳統的官僚體制來說，敏捷團隊可能像是讓生物體受到感染的異物。官僚體制常常覺得，自己的任務就像免疫系統的 T 細胞一樣，必須清除感染，或至少要把感染造成的傷害控制在最小。

在真正敏捷的企業裡，官僚體制與創新是好搭擋。它們會創造出一個系統，讓雙方的元素都能有所提升，雙方陣營的成員也都能合作，創造出色的成果。我們會在本書後面的內容當中探討如何讓雙方和睦相處。

敏捷就交給你們這些人去做

科學管理之父佛德烈·泰勒（Frederick Winslow Taylor）認為，官僚式管理不是一門藝術，而是一門科學。在商業史當中，他以碼錶針對工作時間所做的研究，堪稱經典。泰勒

在1911年出版的書《科學管理的原則》（*The Principles of Scientific Management*）提出了知名的科學管理四原則：(1) 由管理者規劃工作，員工照著做；(2)管理者以科學手法分析出最有效能的方式，提供給員工工作之用；(3)管理者以科學手法挑選出對的人選，訓練他們做對的工作；(4)管理者在員工工作時要予以嚴格監督[4]。泰勒提出的手法在當時受到猛烈的批判，因為他把人當成機器一樣在管。但他的方法後來流行起來，事實上還活得比他本人還長久得多，一直到現在都還有許多公司的管理者與高階人士，打從心裡信奉泰勒。但當這樣的人試著導入敏捷時，災難就發生了。

　　以下是常會發生的情形：高階領導團隊為他們的部屬，而不是為自己，擬定好敏捷計畫。他們會設立一個位高權重的計畫管理辦公室，負責驅動變革。該辦公室負責安排細部預算，並列好階段性目標與執行的路線圖，再補上甘特圖與燈號回報系統，以確保都有照著計畫走。該辦公室還會建立一大堆的敏捷團隊，基本上是由剛受過兩天訓練的泰勒信徒帶領。當其中一個團隊創造了什麼成果，不管那成果再小，計畫辦公室都會大肆宣揚，希望讓外部與內部成員相信，一切都照著計畫在走。但與此同時，領導團隊卻依然照著過去的方法做事，監督並過度管理他們的部屬（通常會管太

細），而敏捷團隊當然也在其中。這些領導人不只常會告訴團隊該做些什麼，甚至還包括怎麼做。畢竟，這就是高階管理者的工作，不是嗎？

但是當上面開始過度管理，敏捷將會慢慢失靈。所有的敏捷語言，像是自我管理、嘗試與學習等等，都會開始讓人覺得，像是在信口胡謅一樣。畢竟，由上而下式的管理工具，在敏捷環境下是不管用的。標竿管理的標竿只要離開其獨特情境，就會失去其價值。具可預測性的計畫，通常會出錯，因為這些計畫沒辦法確認或因應無法預測的系統動態發展。我們是用一種名為「貝恩敏捷商數」（Bain Agility Quotient）的評量工具，診斷特定組織內部每一個敏捷計畫的健全度與成熟度。只要是在泰勒的信徒掌權的單位，高階主管與團隊成員間的認知差距就會很大。高階主管會說，他們公司的敏捷計畫很成功，很令人滿意；但比他們更靠近現場的團隊成員們，卻表示自己感到很失望，很挫敗，覺得和傳統專案團隊沒什麼兩樣。一開始，我們以為那些高階主管肯定在說謊，但我們很快發現，他們純粹就是和現實狀況脫節而已。他們離敏捷作業的現場太遙遠，以致於只知道部屬報上來的事，而部屬又只會講一些他們想聽的事而已。

但說真的，有些敏捷團隊即便是在泰勒信徒掌權的企業

裡，照樣執行得很成功。他們低調行事，瞞過高階主管的雷
達掃射，他們的狀況是「儘管有那樣的高階管理團隊，照樣
茁壯」，而不是因為高階團隊幫忙他們什麼而茁壯。不過，
如果真的想藉由敏捷促成變革，畢竟還是需要公司高層的積
極參與和支持。那些真的想要讓敏捷擴散出去的高階主管，
最好還是以身作則，親自向大家示範如何敏捷，而非只是把
部屬派去參加敏捷的培訓研討會。他們自己必須要懂敏捷，
愛敏捷，並且把敏捷的做事方法運用到自己的團隊裡。聖雄
甘地有一句名言說：「只要我們能改變自己，就能改變這個
世界的趨勢。」敏捷也是一樣。

把敏捷當成急救的仙丹

　　有一些公司則是因為面對策略面的緊急威脅，需要某種
徹頭徹尾的改變，因而在某些單位推動了爆炸性的，所有一
切全都馬上採用新做法的敏捷轉型活動。例如，2015 年時，
荷蘭國際集團 ING，因為預期到顧客對於數位解決方案的需
求日益增加，而且新興的數位競爭者，也就是金融科技業
者，向我方地盤進擊的情形愈來愈多，因此管理團隊決定採
取積極性作為，把內部最具創新性的幾個部門的既有組織結
構打散，包括資訊科技發展、產品管理、通路管理，以及行

銷等單位，基本上等於是把大家的工作都砍掉就是了。接著，該公司成立了許多敏捷「小隊」，並要求三千五百名員工，重新申請約兩千五百個重新設計過，隸屬於這些小隊的職位。差不多有四成填滿這些職位的人，必須學習怎麼做新工作，每個人還必須深切改變自己的思維[5]。

　　根據過去的經驗，這樣的方式會引發無窮的問題。這麼做會讓全組織上下感到困惑與受傷。大家並不確定自己要往何處去，自己要做什麼才好。這種做法等於是直接假定，這幾千個可能大多數對敏捷都沒有經驗或知識的員工，能夠突然間就了解敏捷，而且還能遵照敏捷的原則行事。雖然推動這類激進變革的人，對外宣傳敏捷導入得有多成功，但變革得到的整體成果，往往難以兌現不切實際的承諾。公司的股價通常會跌（包括 ING），有時候還會跌個三成以上。這些高階主管和他們的部屬，在關上房門後，還顯得比較均衡些。他們對於實施敏捷的評核，聽起來基本上會像這樣：「我們公司的領導階層與企業文化，還沒有做好迎接這種激烈變革的準備。我們愈是引用傳統的陳腔濫調，像是『長痛不如短痛』或『破釜沉舟』之類的，就代表我們愈相信它們。但高階團隊裡，沒有人曾經在敏捷環境下做過事。我們並未預見或計畫得到這些意料之外的結果。更糟糕的是，我

們失去了一些試圖提醒我們會有這種結果，但是卻被我們視為絆腳石的傑出人才。我們導入敏捷手法的方式，並不是太敏捷。」

在拿敏捷急救的部門裡，比大爆炸還更常見的是官僚們最愛的創新工具：用抄的。當然，高階主管會用比較好聽的名稱描述這種行為——標竿學習、競爭情報（competitive intelligence）、或是成為所謂的快速跟隨者——但這些說穿了就是抄襲別人的。最受歡迎的範本是 Spotify，它最出名的就是自己原創的小隊（squad）、部落（tribe）、公會（guild）之類的專有敏捷字眼。有些公司甚至發現，自己抄的對象，也是從 Spotify 那裡抄來的。

為什麼要抄襲？因為很難抗拒它。既然 Spotify 這種敏捷的先驅已經花了多年時間學習與應用敏捷原理，那我們花六個月時間複製他們的成功，有什麼不好？尤其誘人的地方是，你只需要照抄先驅們的組織架構以及辦公室設計就行。只要改變辦公空間裡的擺設、物品和配置，肯定能夠迫使大家改變做事的方法。一旦做事的方法改變，產出與成果也勢必會跟著改變。這樣子根本不可能出什麼錯啊。

唔，那我們就來看看幾種可能的出錯方式。其中一種是，人類的組織（就像人類的身體一樣）是一個很複雜的系

統，這意味著在不同的環境下，會有許多不同的變數彼此交互作用。就算某些治療方式在某些病患身上管用，但如果拿到另一個系統去，用在不同基因、性別、年齡、飲食的其他病患身上，也可能會變得有害。管理者如果試圖把某一家公司的創新部門的架構，原封不動複製到另一家公司的所有部門去，肯定會製造出一些意料外的結果。Spotify 這家公司本身功力很夠，所以很明白這一點。該公司是配合其獨特的企業文化，才設計了這樣的工程模式，仰賴的是工程部門的固有價值中原本就存在的信賴與合作。出於其模組化的產品與技術架構，和大多數組織相比，Spotify 的各個工程團隊之間，相互依存的情形比較少。所以那些打算抄襲 Spotify 的公司，如果產品線在相互依存下是比較需要一些協調的話，通常最後只會創造出造成混亂的部落結構而已。Spotify 的人已經一再警告，其工程模式是不斷在進化的，其他公司不該照抄，就算是 Spotify 內部的其他部門，也是如此。但還是有人照抄不誤。

　　第二個抄襲組織架構圖的問題是：企業經常會在無意間破壞其事業單位的權責制度。當公司創造出看似耀眼，卻和傳統自行其是的封閉性分工單位一樣難整合的名為敏捷的封閉性新單位時，過去曾經覺得自己是部門老大的部門總經理

會突然發現，自己無權進行任何艱難的業務取捨。舉個例子，某家公司的信用卡事業部，由於其核心的收入與成本分配給多個敏捷部落，而且那是該事業單位的負責人所無法控制的，因此其財務績效明顯惡化了。敏捷團隊必須要能支持定義得宜的事業單位——也就是為有意義的損益負責的單位。敏捷團隊不能繞過或損害這些事業單位所應擔負的責任。

第三，矩陣式管理（matrix management）也會帶來意料之外的複雜性。敏捷團隊都是跨部門團隊，就定義來說，跨部門團隊需要矩陣式組織。矩陣運作在概念上似乎沒什麼，但我們常發現，必須幫一些成立了好幾百個敏捷團隊，但又未能預想到無可避免會發生地盤之爭的公司，做清理的動作。這些敏捷團隊隸屬於誰？誰可以發起新的團隊？對於技術成分重的敏捷團隊（有時稱為產品團隊）和其他所有的創新團隊，是否應該成立獨立的組織部門？這些團隊的財源從何而來？決策權如何運作？如何評估敏捷團隊的成果，如何給予獎酬？諸如此類。這些細節的東西，在組織架構圖裡都是看不到的，很容易被忽略，也是不可能直接複製過來的。

但最糟糕的一種問題是，抄襲者沒有學到敏捷之所以成功的關鍵因素：要有能力持續學習、進化、改善，以及成

長。當抄襲者試圖抄捷徑的同時，就勢必已經無法針對組成營運體系的所有元素，發展調適、依需要修改，以及調和的技能了。敏捷轉型是一場永無止境的旅程，而不是只要複製貼上就好的專案計畫。建立以及適應新的營運模式，是需要時間的。要預測到任何一項變動會如何影響組織，是很困難的事。就因為這樣，測試、學習，乃至於按部就班地擴大實施，都是很重要的。

敏捷的手法和其他管理工具一樣，也有它的優缺點在。管理工具無法根除所有問題，但只要能運用得宜，在適切的情境下，是可以把有可能造成巨大損害的問題，轉變成讓人能夠接受的問題。自主性高的小型敏捷團隊，會更開心、更迅速、更成功，但也更需要協調，以及週期更短的規劃與籌資循環。敏捷團隊減少了管理的層級架構，但更少階層也意味著職位的變動也比較少，升官機會也比較少。企業若無法事前預期到這樣的問題並做處理，敏捷團隊的成員會覺得很困擾，很失望。最好的做法是，不要視敏捷為比其他管理工具高一級的東西，而是要學會何時、何地，以及如何運用它，而且是結合其他管理工具一起使用。正如古希臘哲學家亞里斯多德在2300多年前講的，「要找出黃金比例」。這也是一種務實的方式，可以實現人家講的「奉行權變理論

（contingency theory）與 Y 理論（Theory Y）的二元化組織」。

做對了，才能真敏捷：本書的路線圖

　　時序回到 2001 年，當軟體開發商們在實務中運用了所謂的輕量級（lightweight）開發手法大約十年後，有十七位實務工作者聚在一起，彼此分享自己所學到的更好的軟體開發方式。他們把輕量級手法重新命名為「敏捷」，還建立了一套簡單的原則來定義這種流程。這套名為「敏捷軟體開發宣言」（Manifesto for Agile Software Development）的東西，幫助了數十萬的軟體開發團隊，導入和運用敏捷開發手法。如今，隨著企業一直以來與「擴大實施敏捷」搏鬥了約莫十年的時間，我們正處於類似的境地中：現在我們已經有足夠的經驗，可以分析成功與失敗的新型態。因此，我們必須在劣質的敏捷驅逐優質的敏捷之前，就先把和擴大實施敏捷有關的有害誤解與誤用，先去除掉，以免敏捷這套強大的管理哲學，步上企業流程再造與品管圈的後塵，成為一度流行但遭捨棄的管理手法。是時候了，該為敏捷活動多加入一些理智、務實性，以及均衡。而這正是本書要做的事。我們希望，敏捷能成為一款有價值而實用的工具，而非只是大家一

時追求，教人失望的管理風潮。我們相信，敏捷的思維與方法，可以讓組織裡的成員遠比過去快樂與成功。我們希望讀者們未來在回顧自己過去五到十年所推動的敏捷轉型，能感到十分自傲與滿足，不覺得失望與悔恨。

　　誰可以透過閱讀本書而獲益？我們想到了幾種讀者。我們希望能幫助大企業的高階主管們，尤其是來自那些深陷官僚體制的大企業，讓他們能夠跨越官僚體制的萎靡不振，與他們想要讓敏捷成功的抱負之間，所存在的那道鴻溝。我們也希望能幫助那些剛展開敏捷旅程的人，能夠避開前述的那些錯誤，並協助他們發展出敏捷的態度與行為習慣，以創造出長長久久的成果，而非混亂。要是一家公司已經在展開敏捷的旅程時踏錯了步伐，我們希望能夠在一切變得太遲之前，幫他們找出陷阱，避開陷阱。當然，我們的假定是，敏捷團隊的成員，以及與他們合作的其他員工，都會運用這本書來提升敏捷手法的成效（然後或許還會再分享給反對敏捷的主管知道）。我們也預期那些已經全面採用敏捷手法的新創公司，在敏捷有初步成果後擴大實施時，也會用這本書來打造敏捷企業。對於以上這些對象，我們都希望能幫助他們建立敏捷習慣，讓他們創造更好的成果，過著更幸福的日子。

　　針對這些讀者，我們努力寫出一本能夠讓時間很不夠用的商業人士，真的有辦法拿起來閱讀的精簡導覽書。在我們的設計裡，每一章就像是在通往敏捷企業的旅程上踏出一步一樣，而且是合乎邏輯而能夠接續下去的一步。

　　第一章：敏捷的實際運作情形。真正看過敏捷團隊運作過程的企業高階人士並不多。主動參與過的人就更少了，然後幾乎沒有任何一位，曾經帶領過一個敏捷團隊。在缺乏這類實務經驗的狀況下，領導者們想要了解敏捷在談些什麼，並不容易。我們在第一章詳細介紹一個案例，展現出敏捷是怎麼運作的。我們會解釋敏捷的原理從何而來，並大概說明是哪些元素，讓敏捷得以成為這麼與眾不同，成果又豐碩的創新手法。

　　第二章：擴大實施敏捷。擴大實施會讓困難度增加好幾倍，但是也能帶來超凡的成果。有些組織只是用增加敏捷團隊的方式推動，有些則是力求成為真正的敏捷企業，也就是一方面大量運用敏捷，一方面也保留某些官僚體制的部門，並且讓雙方和諧運作。我們會在這一章介紹博世公司卓越的敏捷轉型，並說明打造敏捷企業時應當遵循的步驟。

　　第三章：你想要多敏捷？更多的敏捷未必就比較好。每家公司以及每項事業的每個活動，都有最佳的敏捷範圍。但

這範圍又該如何決定呢？企業必須找出靜止與混亂間的最佳均衡，也必須做出必要的取捨。企業會需要一套新指標，以衡量自己目前的敏捷程度，自己想要變得多敏捷，自己是否往正確的方向推進，以及有什麼因素阻擋自己在敏捷的路上走得更遠。我們會在這一章向各位展示，如何用敏捷手法處理這些議題。

第四章：領導敏捷轉型。正如博世的電動工具全球總部管理董事會主席漢可‧貝克（Henk Becker）所發現的，帶領敏捷企業和帶領傳統公司並不相同。敏捷的領導者會花比較少的時間查核部屬的工作狀況，他們為組織增加價值之處在於調整公司策略、領導關鍵的敏捷團隊、花時間與顧客往來、給予員工個別指導，以及當各個團隊的教練等等。要改變一個人的行為、重新安排每天的例行公事，以及發展新技能，都遠比告訴別人該怎麼做要來得有挑戰性，但也更值得去做。我們會在這一章告訴你如何著手。

第五章：敏捷的規劃、預算編製，以及評核。企業的規劃、預算編製與評核系統，是命令與控制體系的核心元素。戴爾電腦及一些敏捷企業並未廢除這些流程，而是把敏捷建置到這些功能中。這些公司會以比較頻繁而有彈性的方式執行這三種流程，而且大量仰賴由下而上式的輸入。針對策略

重點優先執行，但也歡迎原先規劃之外的新活動。這些公司會經常比較實際績效與預期績效，以決定計畫與預算是否需要調整。

第六章：敏捷的組織、結構，以及人才管理。企業往往會很想直接照抄敏捷企業的組織架構圖，以為只要有新的組織架構，就能讓一切變得不同。但這麼做是不管用的，要想打破封閉的穀倉與階層，光靠改變架構是不夠的。敏捷企業常會發現，自己營運模式中的每一個元素，差不多都是重新再設計過的。包括每個人的角色與決策權、雇用與人力管理系統等等。組織架構圖或許也必須變更，但企業必須決定要使用何種工具，要以何種順序使用，以及要用到什麼程度，這些都需要大量的測試、學習、維持平衡，以及量身訂做——而非原封不動照抄。

第七章：敏捷的程序與技術。敏捷企業會培養出一股對於內部與外部顧客的執著。它們會力求提升顧客解決方案的質與量，但顧客解決方案的好壞，取決於背後的事業流程，這些流程又往往受限於背後運用的技術。有些公司遲遲不願展開敏捷轉型，說要等到手邊的技術做好支援敏捷的準備再說。但那可能得花上幾年的時間。慢慢等技術到位，會比較睿智嗎？還是那只是在延後著手去做而已？

第八章：**把敏捷做對**。最後一章會把所有東西都彙整在一起，提出一些避免只是趕流行的執行規則，並向各位描述，如果想要成功地擴大實施敏捷，有哪些能力已經被證實是格外重要的。我們會提供亞馬遜的內部故事，該公司打造了自己的敏捷體系、工具，以及工作方式，而成果就是該公司成為全球最有價值的企業之一。在全書的最後，我們也會列出一些對打造敏捷企業，以及對成為一個敏捷領導者來說，所不可或缺的指導原則。

這本書從頭到尾，希望呈現的是敏捷企業如何提升成果，而且是可衡量的——不光是更亮眼的財務績效，也包括更高的顧客忠誠度、員工參與度，乃至於為社會帶來更多的效益。當然，這正是敏捷轉型時唯一應該秉持的目標：提升績效，讓企業的宗旨得到更好的實現。敏捷本身並非目標，而是讓目的得以達成的手段。儘管如此，敏捷和人與數字都有關。敏捷是要創造一個讓人才樂於工作的組織，讓官僚體制的牢籠上的鐵條，最後能夠彎折，好讓原本關在裡頭的人們能夠逃脫。

要是你和你的團隊並不覺得敏捷有什麼樂趣可言，那你們一定是沒把它做對。

研究紀要

各種敏捷團隊的故事，都很有趣而有說服力，甚至超乎想像。但問題是，這些故事很容易因為權威人士的操弄，而變成在強調他們想要強調的任何論點（如果你不信，請你看看完全相同的一則政治事件，CNN 和福斯新聞網分別是怎麼報導的）。「確認偏誤」（confirmation bias）是挖掘真相時常會碰到的一種挑戰：人們很習慣於為自己想要聽到的論點，找尋能夠支持它的證據，也相信這些證據。但你聽到的故事，具有代表性嗎？或者它是個統計偏差？它發生的頻率如何？人們如果做同樣的事，未能成功而是失敗的頻率多高？

這本書從頭到尾會引用許多有關敏捷的故事來做闡述，在向各位報告的時候，我們會盡可能做到公正而又深入有見地。但我們也會希望用適切的觀點來看待這些故事，畢竟敏捷是建立在經驗主義與科學方法之上。它強調的是，任何假說都應該要在真實世界中，接受實際成果的檢驗，而非去相信一些誘人的理論或是訴諸直覺。只要敏捷管用，就必然會有實行敏捷下的實驗數據，可以把所有的故事串成一個實際的統計脈絡。所以，在進一步著手了解敏捷**如何**發揮效用之前，先來探討一下更基本的一件事：敏捷**是否**真的發揮效

用。

　在著手撰寫本書之前，我們盡可能找了許多針對敏捷手法所創造的成果所做的研究。我們看了無數的報導，其中有一部分是來自於我們自己的數百家客戶。我們檢視了由數千位敏捷的實務工作者，運用我們的「貝恩敏捷商數」追蹤敏捷計畫的進展，所完成的診斷性調查報告，並找尋其間存在的相關性。為盡可能保持客觀，我們也收集並分析了七十份第三方研究報告（本書附錄C列有這些報告的完整清單，各位可以再去找有興趣的來看）。其中包括了期刊文章、書籍、政府文件、學術論文、研討會論文、顧問公司的研究、企業研究等等。有些報告連續好幾年都有頻繁的更新，有些是把多位研究者的研究結果整合起來的後設研究。有些報告又比其他報告來得學術性與嚴謹。我們可能漏掉了一些報告，這毫無疑問會讓支持那些報告的人不開心。我們為此致歉，並保證會持續擴展與更新我們的資料庫。

　整體來說，我們很振奮地發現，有許多可以取得的實驗資料。我們找到了具體證據，可以證明敏捷手法無論在團隊、擴大實施，還是全公司的層次，全都能夠改善成果（參見圖0-1）。我們也發現，就算沒有排除執行品質較差的敏捷活動，或是就算把不利的數據也保留下來，只有很少的研究

圖 0-1

我們找到的與敏捷五大議題有關的研究報告數量

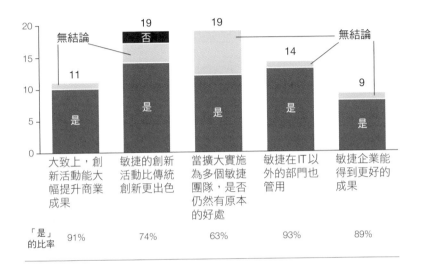

認為，採用敏捷手法平均來說會讓成果變差。講得更具體一點，我們有以下發現：

更多的創新可以改善商業成果。 如果你對公司的績效感到失望，覺得有一點失衡，又很想知道到底是該讓組織少創新一點還是多創新一點的話，正確答案有很大的機率是要多創新一點。在我們收集到的報告中，有九成以上顯示，創新可以改善商業成果。沒有任何一份顯示出創新會損及商業成果。很明顯，因為過度創新以至於營收減少的公司並不多。

有些研究顯示，股價可能會反映出創新可以在未來帶來的好處。但股市就是以其長期效能出名，而不是短期的準確性。

　　敏捷的創新比傳統創新更出色。我們找到二十一篇研究報告是談這個主題的。其中四分之三發現，敏捷是一種更優異的創新方式；只有一成的結論是敏捷毫無幫助。有一件重要的事要注意，那就是敏捷或許可以提升成功的機率，但並不保證一定成功。最受歡迎的其中一篇報告，是由知名顧問公司史丹迪希集團（Standish Group）所做的混沌研究，它是把1994年以來，敏捷手法與傳統手法在資訊科技專案上的成功率拿來比較。他們的資料庫裡，已經累積了五萬個專案的資料，他們也發現，敏捷專案的成功機率比傳統手法高出六成（42%對上26%），失敗的機率只有約三分之一（8%對上21%）。這樣的結果很讓人印象深刻，不過42%的成功率畢竟不是百分之百，而且這樣的機率是在你做了夠多的敏捷專案，讓大數法則得以發揮作用，才能夠成立的[6]。

　　大規模的敏捷團隊的敏捷團隊，對提升成果還是有幫助。即便有人擔心，敏捷手法是專為單一團隊設計，無法有效擴大實施，但多份研究並不這麼認為。面對複雜的重大難題，無論用傳統手法還是敏捷手法，成功機率雖然都會比較低，但敏捷的相對優勢，其實是會隨著問題的複雜度增加而

變多的。

　　敏捷創新在資訊科技以外的領域也管用。正如先前提到的，很多人相信，敏捷手法最初來自於資訊領域，也只在資訊領域上管用。但這兩件事他們都想錯了。敏捷最初來自於資訊領域以外的地方，但隨著網際網路的起飛，迅速贏得技術領域的青睞。在十五份相關研究報告中，有十四份發現，敏捷手法在範圍廣泛的產業裡，以及這些產業的各個領域中，都能有效發揮作用。

　　敏捷企業能得到更好的成果。要請各位留意的是，這是在研究上還不那麼成熟的領域。在我們執筆撰寫本書的當下，只有九份報告探討這件事，要說到刊登在嚴謹期刊上的，那就更少了。不過，初期的研究成果依然令人振奮。其實，學者（像是哈佛商學院教授泰瑞莎·艾默伯〔Teresa Amabile〕、軟體公司Hybris前執行副總裁暨WorkJam總裁兼執行長史蒂芬·克拉瑪〔Steven Kramer〕、團隊專家瑪麗·夏皮洛〔Mary Shapiro〕，以及麻省理工學院的集體智慧中心〔Center for Collective Intelligence〕、顧問公司（包括蓋洛普〔Gallop〕、韋萊韜悅〔Willis Towers Watson〕，以及能量計畫〔The Energy Project〕），以及企業（像是谷歌的亞里斯多德計畫〔Project Aristotle〕），都做了愈來愈多關於商業成果、

員工雇用，以及成功的領導者與團隊等主題的研究。當我們把敏捷的思維與方法，拿來和這些研究相比較後，我們發現其中有高度的一致性。這些不斷增加與累積的研究，都指向一件事：把敏捷做對，就有可能幫助企業的高階主管實現其目標與目的。

現在，就讓我們繼續來了解更多有關什麼是敏捷，以及怎樣才能打造敏捷企業的知識。

第1章

敏捷的實際運作情形

表現的時刻到了。布萊恩,無可抗拒點心公司（Irresistible Snacks）的產品負責人,難以克制自己的興奮之情。雖然他知道,這股興奮的出現,是為了沖淡不斷襲來的焦慮感。而這讓他有點氣惱。他提醒自己,工程師是不會焦慮的。「數據就是這樣,只要好好講清楚就行了。這不過就是一個專案嘛。」

他說得對。布萊恩的團隊著手推動新產品的開發計畫,到現在是六星期的時間。今天是第三段衝刺期的評核日,團隊成員得找來二十個真正的顧客,拆封與試吃新的「健康又放縱」點心棒產品線的七款主要的產品原型。該公司的決策委員會,也會全體到場,觀看過程。布萊恩有些畏懼。他想起有幾位決策委員會的成員,打從一開始就公然反對實施此

一敏捷新流程。今天不是成功就是失敗。或許不該是這個樣子的,但真的就是這樣。

布萊恩是個業餘美食家,也是個以開發食品為業的工程師。但不久之前,他還是在小企業工作。才兩年以前的事而已,當時他在成長快速、正開始在超市與便利商店重新形塑其點心貨架的新秀公司永真營養(AlwaysAuthentic Nutrition),負責帶領新產品開發團隊。那時他覺得這份工作真是太理想了,天氣好的時候,他甚至會從當時位於俄亥俄州克里夫蘭(Cleveland)近郊的住家,騎自行車上班。

但後來有新的發展。大型加工食品業者無可抗拒點心公司(當時甚至還隸屬於某家規模更大的消費性商品企業),併購了永真營養,價碼開得很高。這家小公司的老闆發了大財,但只有很小一部分分到員工手上。而這筆併購案帶來了裁員、關廠,以及悲傷的離別。再來自己要去哪裡?布萊恩在業界很有名,很受敬重,而他對於自己的名聲,也沒有假惺惺地說「哪裡,我沒有那麼厲害啦」。他很清楚,自己可以在任何地方找到滿不錯的新工作。但他要去哪裡找?要找什麼工作?這時,無可抗拒公司的一個高階食品工程師來找他。「你做事很快,」他告訴布萊恩,「你可以來教導我們。我們想要學會如何能夠像勇於破舊立新的新創公司那樣創

新。加入我們吧，我們需要你。」

　　這個提案很誘人。即使對布萊恩這麼一個習慣於在小公司做的人來說，也是如此。升級幫大企業做。在大舞台上一試你的身手。光是這個邀請，就讓他有些沖昏頭的感覺。對方給的薪水與好處，遠比他過去賺的還多。未來可能還有獎金，讓他能夠存下一大筆錢。

　　所以，他打定主意冒險一試。當然，後來這份工作和他的想像完全不同。無可抗拒的預算抓得很緊，依照該公司的流程，他要做任何事，都得先經過六道關卡的簽核，而那得花上幾個星期才能完成。有一年半的時間裡，他覺得自己簡直像是渾渾噩噩，一事無成。無可抗拒公司想要透過併購學東西？哈。看起來比較像是，他們想要逮住競爭者，把他消滅掉，以確保不會對他們老式的官僚體制作風造成威脅。在十八個月的挫折感後，布萊恩已經瀕臨辭職走人的邊緣。

　　但就在那時，無可抗拒公司的執行長蘿莉，把布萊恩找到她那個位於角落的偌大辦公室去。她講話很坦率，直接就講要點。「我們的市占率已經連續三年下滑了，」她說。「事情不能再這樣下去。」

　　布萊恩有些驚訝。其一是因為蘿莉比他想像得更年輕。他先前看過她，但只是從有點距離的地方看到而已。近看你

會發現，她可能不超過四十歲。她和占去其他商務辦公室的那些老傢伙，頗為不同。她甚至比布萊恩還年輕，布萊恩四十九歲，外觀上已經開始像個老人了。

她的言辭也很直截了當。「我們的市場研究團隊發現了一個市場機會，我們可以推出以健康但又放縱為賣點的營養點心棒。我們的產品開發團隊告訴我，要從我們目前的產品做這麼大的轉換，得花上至少二十四個月的時間才能做到。說真的，我並不認為他們希望這東西成功。他們害怕這玩意會把公司賺錢的棒棒糖產品線給蠶食掉。」

蘿莉把身子往前靠，直視著布萊恩。「我聽說你做事的態度和方式和別人不一樣。我希望由你來帶領這個新產品線的開發團隊，你覺得如何？」

哇，有關她的傳言是真的：她很坦率，直接講重點。布萊恩想起，自己曾經聽過，蘿莉的任命是個意外。她過去是個大家都認同的頂尖的行銷人員，但很明顯在無可抗拒公司的高階團隊裡，有些人對於董事會任命她擔任執行長很不以為然。

布萊恩有點難以做決定。妳是在開我玩笑嗎？他想道。他大聲回答，「我並不確定自己是那個對的人。你們公司利用完我之後就棄我如敝屣。不過還是感謝妳想到我啦。」既

然她講起話來不矯揉造作，那他也可以這樣。

蘿莉大笑。「我有想到你會這麼說。我聽說你已經有點受夠了這家公司。那正是問題之所在。」她走過來桌子這邊，在他身旁的椅子上坐下。「拜託你，不要對我說不。告訴我，你認為把這件事做成功，需要哪些東西，如果我沒辦法幫你準備，那我們就握個手，好聚好散。」

布萊恩長考了一個晚上。他和太太聊過，還打給早年曾經指導過他的一個人。大家都有明確的共識：反正也沒有什麼好失去的，不如就試試看吧。

三天後，布萊恩又到蘿莉的辦公室去，渾身充滿著先前讓他得以在業界建立名聲的那股衝勁。「我需要一支擁有多種專業的團隊。我提出的人才需求如下：產品開發部的丹妮爾，包裝部的喬丹，銷售部的艾麗，行銷部的艾莉莎，消費者分析部的布萊恩妮，生產部的大衛，供應鏈部的蓋文，還有曾經當過敏捷團隊教練的莉亞。我要他們百分之百投入這邊的工作，不只是分一些時間過來幫忙。我們也會需要一個設有大量白板的空間，好讓我們可以面對面在裡頭共事。」

布萊恩看著蘿莉，等候她的回應。她點了點頭，要他說下去。

「我們會需要直接和幾個有創意的零售連鎖店聯繫，而

且要能找來潛在顧客。由於年度預算週期剛結束，我們手邊沒有預算，因此會需要妳幫忙籌錢。我們沒辦法浪費時間加入冗長的排隊隊伍，等著申請在安全、監管、法律或IT等層面的協助。要是這個計畫能夠像我們先前經營永真公司時的方式執行的話，我估計不用到18個月，只要6個月，就能讓最佳產品問世並挑選零售商；我也估計不用到24個月，只要12個月，就能全面推出產品。只要我需要的團隊到位，就開始計算時間。到時候就可以準備動手了。」

蘿莉看起來有些驚訝，布萊恩的需求清單並不長，但是又講得很明確。「你確定沒有再需要什麼了嗎？」她的臉上閃過一抹微笑問道。

布萊恩笑起來。「還差兩件事。我們需要決策委員會的參與。我們很歡迎他們提出想法，但不是用傳統那種連再小的事都要管的方式。我們會參考他們的建議決定怎麼做。我也不希望自己講這話給他們很不尊重的感覺，但我尤其盼望史黛西、凱莉，以及艾瑞克這幾位控制狂能夠理解這件重要的事。要是他們開始對那些來到我團隊的他們的部屬下命令，事情就無法成功。」

「還有最後一點，」——不妨這樣去努力看看——「我的真正目的在於讓每一個產品開發團隊，或許是每一個創新團

隊，都看到這種手法的價值，然後主動採用它。」布萊恩吸了口氣說，「一兩件產品的成功，並不足以創造出我們需要的那種改變。我們不只需要一些敏捷團隊而已，我們需要的是一家敏捷企業。」

蘿莉的態度首度透露出猶豫。「慢著，」她說。「我承認我們需要一些新產品，但我並不確定公司需要一整套新體系。就先看看這個案子推得如何，再來討論接下來要往何處去。」

布萊恩意識到，自己講得有點太得意忘形了。「妳說得對，」他表示。「妳的說法其實是符合敏捷原則的。但我準備要在過程中記錄一些東西，並把我的觀察和妳分享。這一個頭號試行計畫的問題在於，我很清楚我們能夠讓它成功。我們可以運用妳的影響力，排除幾乎任何擋住我們去路的障礙。我們還可以設想一些能暫時避開系統性障礙的權宜之計。我曾經看過像這樣小心呵護團隊，以提高團隊成功機率的例子，但問題在於，這樣並不能形成足以擴大設置數十或數百個敏捷團隊所需的那種學習環境或組織變革。測試敏捷團隊的設置，就像測試任何原型一樣，都應該要能反映出多元性的實際狀況。我們必須發掘出那些在現行體系下會造成最嚴重挫折感的經驗，並予以改正。妳能不能至少答應

我，願意抱持著開放的心態來傾聽看看？」

蘿莉發現，他這個請求，自己很容易就能答應。布萊恩所提的，是未來的某個時點可能要做的事。但不管怎樣，還是得看這個頭號團隊的成果如何而定。她現在在做的事，要冒的風險已經夠大了，但至少是控制在一定的時期與範圍內。她必須先看看未來的前景如何。

「我答應你，」她說道。兩人彼此握手。

離開蘿莉的辦公室後，布萊恩抽出他的筆記本，翻到一頁空白頁。他寫了個標題，並在下方加了一個條列點：

擴大實施敏捷

- 多個敏捷團隊 vs. 一個敏捷企業

頭三個月非常痛苦。蘿莉必須全面動用她的執行長權限，讓那些對的人有行動自由。在過去，如果要開啟一個新專案，相對來說是容易的。如果你需要九個全職投入的員工，你可以組一個團隊，納入比如說四個可以撥一半時間過來的人，十個可以撥四分之一時間過來的人，以及四五十個能夠撥一成時間過來的人，拼湊出人力。部門領導人很少會駁回這種借將的方式──他們無需失去任何員工，而且派個代表在專案團隊裡，就等於是自己也幫上了忙似的。但布萊

恩要求的方式太瘋狂了！把九名優質的員工從他們目前的職務上挖走，全職去幫忙？這太離譜了，需要一番奮戰才能爭取到。「能不能派達雷爾代替？他時間很多。」「大衛他不想搞什麼敏捷的東西。他很怕這會毀了他的職涯。」「丹妮爾能不能只花四分之一的時間過去幫忙就好？一直以來都是用這種方式啊。她在另一個重要案子裡角色吃重，我們沒有別人可以遞補她。把她挖走等於是要我們的命一樣。」

但蘿莉十分堅持。沒有多久，布萊恩點名要的人就到齊了。

他並沒有點名要什麼全公司的明星員工。他意識到，要是這個團隊不能光靠一般員工就組起來，敏捷將永遠不可能擴散為幾十個幾百個團隊。但他堅持要等整個團隊組好，而且都能夠全心投入，他才要開始動手。過程中，他打開了他的筆記本，翻到新的一頁，列了兩點上去。

架構與人

- 人才缺口
- 敏捷的職涯規劃

團隊到位後，布萊恩沒浪費一丁點時間，直接跳進工作裡。團隊成員們花了三天的時間共同相處，學到了敏捷的思

維與做法。他們為這個計畫設想了一個願景。他們看了消費者分析數據。他們列出了關於顧客（零售商）與消費者（購物者）的待辦事項清單，並排出優先順位與執行時程。他們也決定好，要以兩星期為一個衝刺期（sprint）。這意味著，每隔兩個星期，他們就必須繳交一次這個計畫中部分構成元素的可行版本。像是營養棒、新包裝、生產流程、行銷計畫、銷售文件、貨架陳列，或是端對端的購買與使用經驗中的任何其他元素。以第一衝刺期來說，他們準備要先弄出兩個版本的新款營養棒。

　　過程是由來自產品開發部的丹妮爾帶領。她成功找到一位對這個專案有興趣的廚師，雖然這名廚師已經另外參與了四個專案，時間很有限。布萊恩打開他的筆記本，翻到標題寫著「架構與人」那一頁，加了一個次項目在「人才缺口」的下面。

架構與人

- 人才缺口
  － 廚師
- 敏捷的職涯規劃

　　來自行銷部的艾莉莎想要建立一個有兩百名消費者的線

上社群，以迅速取得關於產品原型的意見回饋。資訊部門告訴她，至少要九個月時間才可能接觸到那麼多人。布萊恩又把筆記本翻到新的空白頁，標題寫上「程序與技術」，然後他加了兩點進去：

程序與技術

- 模組化的技術架構（服務導向的架構與微服務）
- 敏捷軟體開發

他並不喜歡對外求援，但他立馬就找了一家第三方供應商簽約，打造線上社群平台。

接著，無可抗拒公司的食品安全部表示，除非已經設計出全方位的標準測試方法，否則不能讓任何人試吃任何產品原型。而這至少得花上十星期的時間。布萊恩沒辦法理解這樣的要求。他們所要求的測試，遠高過聯邦監管單位對這類食品要求的標準。食品安全經理艾琳，向布萊恩描述過去他們曾經碰過的一些問題，並說明現在為什麼對所有新產品都採用同一套標準化的食品安全體系。布萊恩把過去在永真公司設計出來的四種不同的測試與核准程序講給她聽，至於要選擇哪一種程序，則要看新產品和既有產品比起來，調整改變之處的多寡而定。他向艾琳指出，以眼前的新產品來說，

並沒有再添加任何新成分進去，裡面也沒有像雞蛋這種可能會帶有沙門氏菌，有風險的成分在。艾琳表示，她會向上反應此事，但她的主管們是否會改變心意，她並不覺得樂觀。與此同時，布萊恩設想了一些避開問題的權宜之計。「不然，你們能不能加快核准的速度，並且容許我們交由我們的團隊成員，以及自己願意簽署同意書的公司員工試吃樣品？」食品安全部查閱過法規後，同意他們可以這麼做。

　　布萊恩拿出他的筆記本，翻到「流程與技術」那一頁，又加了一點進去：

流程與技術

- 模組化的技術架構（服務導向的架構與微服務）
- 敏捷軟體開發
- 讓企業的程序更敏捷

　　雖然團隊的運作很艱辛，但是在兩星期後，成員們已經弄出產品原型，也對於要把它們呈現出來感到很興奮。但令人難過的是，執行長蘿莉，與研發部門的領導人凱莉，是決策委員會的十位成員中，唯二來到評核現場的。這些年下來，決策委員會的成員們都已學到，對於特定專案團隊的最前面幾次評核，都只會看到未來的工作計畫而已，所以出席

只是在浪費時間。但這次他們錯了。敏捷團隊已經根據線上消費者社群的意見，做出了可供試吃的產品原型。蘿莉吃了之後，看向營養成分標示的實物模型，笑逐顏開。「我們從來沒有在三個月以內就看到新產品的原型，通常要六個月才會有。而你只花了兩星期的時間就辦到。這些試吃品確實不能算完美，它們的形狀有點奇怪，而且烤過頭了。但我看得出來你們發展的方向。」她鼓掌道，「我很喜歡。」

　　整個團隊都很興奮，但布萊恩知道，這還只是開始而已。成員們聚在一起回顧第一衝刺期，並考量待辦事項清單的排程，是否需要什麼調整。他們覺得，還需要更多製作原型的產能。消費者社群建議了五種可能會比團隊一開始選擇的那兩種要好的香料。要想創造出變化性到這種程度的原型，又要有足夠的量讓消費者試吃，光是一處實驗廚房是不夠的。他們很快就會需要一條試產的生產線。來自生產部的大衛說，公司裡並無這樣的測試用生產線——無可抗拒公司從來就不需要這種東西。後來他找到一條很少用到的小生產線，雖然很快就能夠改裝好，但是得花25萬美元，或許還更多。布萊恩很快就提出了資金需求。

　　但這導致了一次令人尷尬的談話，遠比布萊恩想像的來得糟。公司的財務長柯林，素以不樂於支持嘗試性活動出

名，他不假思索地就駁回了布萊恩的請求。「你聽好，布萊恩。我們接下來的年度手頭很緊，你要求的這事情並不在預算裡。你得另外再設想，直到我們能把它放入下一個營運計畫中為止。」

這真是讓布萊恩傻眼。「它當然不在預算裡啊。但它所能創造的營收和利潤，你也沒算進去。利潤還可能是這筆成本的50倍以上呢。我們沒辦法等那麼久。」

柯林並不覺得好笑。「成本花了就是花了，但誰說一定會有營收和利潤？如果每個人都像你這樣做事，公司會陷入全面的混亂。我必須向股東們以及公司裡其他堅守預算的人負責。」

布萊恩打出他的王牌。「我很不喜歡這麼做，但你應該知道，我會找蘿莉談這件事吧？」

柯林回擊道：「要講就去講！」然後他就轉頭去處理辦公桌上的文件了。布萊恩走出去，直接到蘿莉的辦公室找她。蘿莉並不喜歡用職位去壓自己的財務長，但她已經答應會撥款給這個專案，因此她還是這麼做了——而且很快。布萊恩知道，還會再冒出其他的資金需求。他拿出筆記本，找到一頁空白頁，寫下：

規劃與籌資

- 更頻繁、有彈性的規劃與預算安排

他們的團隊繼續關關難過關關過。消費者希望能採用透明式包裝，好讓他們能夠看到產品實際上長什麼樣子。包裝部門擔心，透明式包裝會縮短產品的保存期限。團隊成員知道，好幾個月以前，就已經有新創競爭者用透明包裝了，所以他們找到了一家已經用新的包裝材質解決保存期限問題的廠商，迅速認證為供應商。消費者也說，希望能有一些產品加入開心果、蔓越莓，或是使用更高百分比的可可。要採購這些食材，必須先找到新的供應商並予以認證，這些新成分也必須通過多方面的安全測試才行。布萊恩和他的團隊認為，值得花額外的時間做好安全測試，就算因而延遲也在所不惜。他們重新安排了行動排程，以避免彼此拖到時間。

漸漸的，關於敏捷團隊的成果的消息，開始在公司裡傳開。想要參與的人也隨之增加。決策委員會的所有成員，都在第二衝刺期參加了評核五種新產品原型的活動。但這正是布萊恩擔心的：有些比較喜歡走掌控路線的高階主管，會開始製造問題。他們會要求幫他們補辦之前沒有參加到的流程。他們會開始下命令給自己派到這個團隊的部屬。他們會

堅持在重大評核活動之前先得知最新進度。團隊成員擔心，未能滿足老闆們的要求，將會為自己的職涯帶來災難性的後果。畢竟，等到這個敏捷專案結束後，自己可能還是要回到原本的職位去。布萊恩別無選擇，只能請決策委員會留時間給他，好讓他能夠說明敏捷程序，並向他們釐清，決策委員會的角色是要幫助排除障礙，而非下達命令。

蘿莉再次挺身而出，附和布萊恩的說法。她的出手，使得大多數的問題都有了緩衝空間。但布萊恩仍持續在他的筆記本上寫東西。他翻到一頁空白頁，開了一個叫「領導力與文化」的新分類，並加了幾點進去：

領導力與文化

- 信任與授權 vs. 命令與控制
- 領導者以敏捷團隊的方式經營公司
- 管理者們如何看待自己為公司增加的價值
- 移除障礙

也有其他分類頁面又增加了新的內容。在「架構與人」那一頁，布萊恩又加了三點新內容進去：

架構與人

- 人才缺口
  －廚師
- 敏捷的職涯規劃
- 績效管理
- 職位、角色與決策權
- 釐清事業的定義與損益歸屬

在「流程與技術」那一頁，布萊恩也加了新東西進去：

流程與技術

- 模組化的技術架構（服務導向的架構與微服務）
- 敏捷軟體開發
- 讓企業的流程更敏捷
- 把複雜的大型專案打散為較小的批次專案
- 把所有工作的焦點放在滿足顧客的某一需求

第三衝刺期可能會發生兩件事。要嘛就是成功為敏捷團隊建立動能與承諾，要嘛就是任由那些對敏捷手法存疑的官僚人士，趁機把敏捷一擊斃命。但布萊恩在產品評核這件事情上，又另外多冒了一個險。過去，無可抗拒公司都是找第

三方機構來執行產品評核。背後的原因不難想見：一來這些機構都是精熟此道的協助者，二來他們也可以保持完全的客觀，也不會不耐煩。不過，布萊恩希望他的團隊成員們，都能盡量貼近消費者，再說他也不想再等上兩三個星期，只為了收到第三方機構那份經過潤飾的評核報告。有過這類經驗的成員並不多，他們也幾乎都很緊張，不知道決策委員會那些人會如何評判自己。

這天，把位於正中央的觀察室從外面圍了起來的四間會議室裡，各有五人為一組的消費者魚貫而入。決策委員會的十名成員，也都聚集在觀察室裡。有些專注於看其中一組消費者，有些則輪流聽取不同消費者群體的意見回饋。委員會的成員之間，彼此也針對如何解釋消費者的意見有所交談。

看在敏捷團隊的成員們眼裡，這次的消費者評核是很成功的。在七款試吃的產品中，有四款在不同消費區隔裡都贏得了很高的評價。他們也收到了關於改進產品的很多寶貴意見。在包裝、標籤、行銷訊息以及訂價上，也很有收穫。有三款產品因為問題太多，跌到了待辦事項清單的最底部。但決策委員會又是怎麼想的呢？攤牌的時候到了。

就在敏捷團隊的成員逐一進入中央的觀察室時，有幾位決策委員會的委員其實鼓了掌。「這太讓人感到驚奇了，」

研發部領導人凱莉說。「我從來沒有看過可以在六星期的時間裡進展這麼快的。」蘿莉的反應比較平靜，不過很明顯她是滿意的——她所承擔的風險看來是值回票價了。所有人都看向財務長柯林，身著深灰色西裝的他臉色很陰沉。他的嘴邊露出微笑，「我想這個計畫是可以支持的，」他說。

柯林講的這番話，等於是給了四顆星的評價。就像是他這段話起了個頭似的，所有高階主管，都逐一來和每個敏捷團隊的成員握手致意。他們開始詢問成員，有沒有什麼自己幫得上忙的地方。他們甚至還開始討論，有沒有其他的創新專案，應該要採用敏捷的工作方法。明天，敏捷團隊會檢討在下一個衝刺期裡，有什麼可以做得更好的。但今晚該是慶祝的時候了，布萊恩也該好好補個眠。

為何要導入敏捷？

無可抗拒公司，布萊恩，以及他所帶領的敏捷團隊，當然都是虛構的。以上講的是一個混合的故事，內容根據的是我們觀察到的數百家公司與敏捷團隊。但這個虛構的故事，反映出關於敏捷的兩個事實：

首先，敏捷團隊位於敏捷企業最核心的位置。如果你不

了解敏捷團隊，你就無法理解以敏捷的理念經營企業是怎麼回事。這也是為什麼我們要描述無可抗拒的敏捷團隊到這麼細節程度的原因。在本章剩下的篇幅裡，我們會檢視布萊恩那樣的團隊是從何而來的。我們會從更寬廣的層面解說，是什麼樣的原則與實務做法，在背後決定了敏捷團隊要做些什麼事，要怎麼做，以及為什麼要那樣做。我們當然也會定義一些敏捷的用語，像是衝刺期以及待辦清單。但我們希望先讓各位感受一下，敏捷團隊看起來會是什麼樣子，又會帶給你什麼樣的感覺。畢竟，敏捷的起源以及敏捷的運作，在在都反映出人們想要跳脫官僚體制的禁錮。

其次，任何組織要設置少數幾個敏捷團隊，都不是太困難的事。但如果你的終極目標是要擴大實施敏捷，你就必須開始改變全公司上下所有人思考與做事的方式。布萊恩的筆記本就是這樣的用意。你將會發現，他所記下來的那些挑戰與障礙，很可能是任何公司在擴大實施敏捷時，都會遭遇到的。我們會在後面的章節中探討他所列出來的議題。我們的探討重點，會放在我們認為最重要的事項上：領導者的行為；計畫擬定、預算安排與評核；組織架構與人力管理；流程與技術。

敏捷的起源

　　有些歷史學家追溯敏捷的方法論，直達1620年英國哲學家法蘭西斯・培根（Francis Bacon）明確提到科學方法一事。但以我們之見，敏捷手法比較合理的起源，應該是從1930年代，貝爾實驗室的物理學家暨統計學家休哈特（Walter Shewhart），開始在產品與製程上應用持續改善的循環（規範—生產—檢驗）開始。1938年，品管大師戴明（W. Edwards Deming）開始對這個概念產生興趣，遂改為如今廣為人知的「規劃—實施—檢討—行動」（PDSA, plan-do-study-act）循環的形式，向外界推廣。

　　1986年時，知識管理之父野中郁次郎與共同作者竹內弘高，在《哈佛商業評論》發表了一篇名為〈新新產品開發遊戲〉（The New New Product Development Game）的文章[1]。兩位作者針對那些創新不但成功，速度還遠比競爭者快的製造商進行研究，發現有一種團隊導向的創新手法，改變了一些廠商的產品設計與開發流程。舉凡富士全錄（Fuji-Xerox）的影印機、本田（Honda）的汽車引擎，以及佳能（Canon）的相機，都是如此。這些產品在開發的時候，並未遵循傳統那種一棒接一棒的「接力賽」方式——也就是由一群專家把處理完的階段性成果，再交給下一個階段的專業程序繼續處

理——而是採用一種竹內與野中稱之為「英式橄欖球」（rugby）的手法,「整個團隊像是一個單位,試圖一邊把球傳過來傳過去,一邊一起跑完全程。」[2]

1993年時,傑夫‧薩瑟蘭（Jeff Sutherland）接到了一個看似不可能的任務。一家叫伊瑟（Easel）的軟體公司,必須要在六個月內,開發出足以取代其經典舊作的新產品。當時的他,已經在諸如快速應用程式開發、物件導向設計、PDSA循環,乃至於臭鼬工廠等方法論上,擁有扎實的背景。他希望能在伊瑟公司的總部裡,打造出一種類似臭鼬工廠的文化,同時帶有分工與整合的優點。所以一開始他先盡可能學習各種知識,看怎樣可以讓組織的生產力最大化。在讀過數百篇文章,以及訪問過許多產品管理的專家後,他發現自己對某些引人深思的想法特別感興趣。

其中一個想法,來自於一篇貝爾實驗室談軟體公司寶蘭（Borland）的試算表Quattro Pro的產品團隊的文章。文中提到,團隊如果每天都能開個簡短的會議,將可大幅提升集體生產力[3]。還有其他一些資訊,也提到類似的小技巧。但薩瑟蘭從中汲取到的最重要概念是,他發現了竹內與野中的英式橄欖球手法,雖然他們的文章是聚焦於製造業而非軟體公司。他從文章中借用了許多關鍵想法,自己再另外把一些開

發軟體的特定實務做法融合進去，創造出一套開發軟體的新手法。為了向英式橄欖球的意象致敬，他用這項運動的術語「Scrum」（列陣爭球）來稱呼這套手法。Scrum手法讓他得以在時限之內完成看似不可能的專案，不超出預算，軟體的臭蟲（缺陷）比先前曾經釋出過的任何一個版本都要少。後來他又和長年共事的肯・施瓦布（Ken Schwaber）合作，把這套手法具體整理出來，兩人在1995年首度把Scrum這套東西對外公開。

當然，在薩瑟蘭與施瓦布當年找尋各種創新手法的旅程中，他們並不孤獨。資訊時代當年正呈現爆炸性的發展，各種破壞性技術，已經威脅到他們一些行事速度較慢的同業。新創公司與既有企業，都同樣在找尋新方式，以因應眼前這個既陌生又動盪的環境。當時，軟體正開始成為企業幾乎所有部門不可或缺的一部分，許多有創意的軟體開發人員，都在努力設想更好的寫程式手法，以提升軟體的相容性。

2001年，有17名開發人員自稱「有組織的無政府主義者」，在美國猶他州的雪鳥（Snowbird）聚集，分享彼此的想法。薩瑟蘭與幾位Scrum的支持者也在其中。在這群人當中，也有人支持的是與Scrum互別苗頭的幾種手法，像是極限編程（Extreme Programming, XP）、水晶（Crystal）、自適

應軟體開發（Adaptive Software Development, ASD）、特性驅動開發（Feature-Driven Development, FDD），以及動態系統開發方法（Dynamic Systems Development Method, DSDM）等等。這些手法統稱為輕量框架（lightweight framework），因為只用了較少較簡單的規則，以換取更快速因應迅速變動的環境。（當時在與會者當中，認為用「輕量」來形容太過於溢美的人並不多。）

新的名稱

雖然他們的想法有很多不盡相同之處，這群人最後還是幫這個運動取了個新名字：敏捷。這名字是由其中一名與會者提出，他當時正在讀一本由史蒂芬・高曼（Steven L. Goldman）、羅傑・耐吉爾（Roger N. Nagel）與肯尼斯・普瑞斯（Kenneth Preiss）所寫的書《敏捷競爭者與虛擬組織：幫助顧客致富的策略》（*Agile Competitors and Virtual Organizations: Strategies for Enriching the Customer*）[4]，書中提供了一百家公司的例子，包括艾波比（ABB）、聯邦快遞、波音、Bose，以及哈雷機車等，說這些公司正在發展一些新方法，以因應動盪的市場環境。名字取好之後，與會者們達成共識，公布了「敏捷軟體開發宣言」，號召外界一起

行動。宣言當中提到了每一位與會者都認同的四大價值，像是「管用的軟體比詳盡的文件更重要」、「因應變遷比照著計畫走更重要」等等。在那天的後續會議中，以及在接下來幾個月裡，他們又發展出12項運作原則，像是「我們的首要任務是，透過及早並持續交付有價值的軟體，來滿足顧客需求」、「精簡——或最大化未完成工作量之技藝——是不可或缺的」等等[5]。自2001年以來，所有遵循這些價值與原則的開發架構，就屬於敏捷手法。

在雪鳥會議中為敏捷創新制定出規範後，敏捷運動就如野火燎原般迅速擴散開來。敏捷宣言的這些連署人，把他們的文件貼到網路上，邀請其他人也把自己的名字加上去，以表達支持。最一開始那群人中的大多數，以及幾位新加入的敏捷擁護者，在那一年較晚的時刻，又重新聚會了一次，討論該如何把敏捷的原則傳播出去。大家都同意要為這個議題寫作或演講。

隨著時間過去，運用敏捷的人愈來愈多。2016年，本書的其中一位作者（戴瑞・里格比），和薩瑟蘭與竹內，一起在《哈佛商業評論》發表了一篇名為〈擁抱敏捷〉（Embracing Agile）的文章[6]。當時那篇文章提到，美國國家公共廣播電台正運用敏捷手法打造新節目、農業機械製造商強鹿用敏捷

手法開發部分新產品、紳寶集團也用敏捷手法開發獅鷲噴射戰鬥機。位於加州的教堂鐘聲酒莊（Mission Bell Winery），當時把敏捷手法「應用到幾乎每件事情上，從生產紅酒到倉儲，到高階經營團隊的運作都是。」[7]位於美國麻州的創投公司OpenView Venture Partners，就很鼓勵位於該公司投資組合中的企業，採用敏捷手法。從此之後，敏捷繼續擴散下去。各位會在本書的案例當中看到這件事。雖然敏捷的複雜系譜，時而會引發敏捷實務工作者之間的激烈辯論，但從敏捷簡短的歷史中，可以明顯看到兩件事。第一點，敏捷的起源與應用，已經遠遠不僅止於在資訊科技領域，已經和組織的許多元素都有關聯。第二點，應用敏捷的層面，仍可望持續再擴散下去。敏捷的發展，原本就是用來幫助大家跳脫官僚體系桎梏的——而無可抗拒點心公司目前最迫切需要的，是在官僚體系與創新之間，重新找到均衡點。

敏捷團隊如何運作

敏捷團隊的運作方式，和那種一個命令接著一個命令的官僚體制，是不一樣的。敏捷最適用於創新活動，也就是把創造力應用在改善顧客解決方案、事業流程與技術上，藉以

獲取利潤。

　　為了善用機會，由組織成立一個通常是三到九人，而且多半全職於此的小團隊，然後授權他們去做。這個團隊通常擁有多種專業，會包含完成任務所需的各種技能。它是自主管理的，也會鄭重地為任務的所有層面負起責任。資深領導者會告訴成員創新的方向，但不會告訴他們如何做。一旦遭逢複雜的大問題，團隊會把問題拆分成一個個的模組，透過迅速形塑出原型與嚴謹的意見回饋程序，為問題的每個部分都找出解決方案，最後再把這些解決方案整合為天衣無縫的整體解決方案。成員們比較重視因應各種變化，而非死守著計畫照著走下去。他們會為所有的結果負責（像是成長幅度、獲利能力，以及顧客忠誠度等等），而不是只為產出負責（像是寫了幾行的程式碼，或是推出了幾種新產品等等）。敏捷團隊會與顧客密切合作，不論是外部顧客或內部顧客。這樣等於是把創新結果的責任，交到了最貼近顧客的一批人手上。這麼做可以減少控制與批准的層級，藉以加快工作速度、促進團隊的工作動機。

　　敏捷手法是思維和方法兩者的組合。一旦爆發宗教戰爭，雖然信徒之間會爭辯誰的教派更為重要，但這樣的行為是很荒謬的。要想存活下來，你的頭比較重要，還是你的心

臟比較重要？二者你都必須擁有，不然你就死啦。敏捷是一種聚焦於顧客的哲學，敏捷的實務工作者相信，每一項工作活動，都有它的顧客在。而這項工作在設計其架構時，也應該要圍繞著滿足顧客需求這件事，而且要盡可能做到既有效又能夠獲利。例如，財務部門為自己提供資金的營運單位服務，而這些單位也應該把自己對於財務服務的滿意度，回饋給財務部門。所以敏捷團隊會有待辦清單（backlog）這個東西——基本上就是安排好優先順位與執行順序的待辦事項列表——而且要根據顧客需求來安排，而非依照任務來安排。

敏捷的思維很痛恨在製品（work in process, WIP）這種東西。因為，它綁住了你的產能，卻提供不了任何價值。它存在愈久，就耗費愈多成本。但顧客的需求卻是一直在改變的，競爭對手也持續在創新當中，在製品漸漸地就會過時。因此，敏捷比較喜歡小批量的，在一段時限以內（一個月以內）要完成的作業循環，每個循環稱為一個衝刺期（sprint）。但敏捷的實務工作者，並無意透過短天數的衝刺期，來逼迫團隊成員更賣力工作。這一點，和某些對敏捷抱持懷疑的人所想的不同。之所以安排短天數的衝刺期，用意在於鼓勵敏捷團隊思考，如何才能迅速打造出一些有測試價值的東西。短天數的衝刺期，也讓團隊成員更容易同步推動天數較長、

較緩慢的流程，以及較快速的流程。

　　團隊的活動負責人（initiative owner），也是大家所知道的產品負責人（product owner），必須負起把價值提供給顧客（包括內部顧客與未來使用者）與事業部門的最終責任。扮演這個角色的人，通常來自於事業部門，其時間則分配在與敏捷團隊共事上，以及與關鍵利害關係人協調上，包括顧客、高階主管，以及事業經理。活動負責人可以用設計思考或群眾外包之類的技巧，建立一份綜合性的投資組合待辦清單，納入有發展潛力的各項機會。接著，活動負責人必須根據預計能提供給內外部顧客與公司的價值，無情地持續調整清單上的順序。活動負責人不會告訴敏捷團隊的每個成員該做些什麼，或是每項任務應該花費的時間。反倒是團隊成員必須自己畫出精簡的路線圖，只有那些在開始執行前不會有任何改變的活動，才在計畫中詳盡規劃出來。他們會把排名在前面的任務拆分成多個小模組；決定好自己要負責多少任務與如何完成；明確定義出怎樣才算真正的「完成」；最後是開始動手為各衝刺期的產品打造不同的工作版本。還會需要有人扮演「過程引導者」（process facilitator）的角色（通常是受過訓練的 Scrum 大師〔scrum master〕）在過程中幫忙引導。這個人必須保護團隊不致於分神到其他事項去，也要

協助團隊運用集體智慧做事。

所有過程是完全透明的。團隊成員們每天要開簡短的協調會議,以檢視進度、找出障礙所在。彼此間若有歧見,就透過實驗與意見回饋解決,而不是訴諸無止境的爭辯,或是告到高層那裡去。他們會在很短的期間裡,找少數幾位顧客,測試小型的工作原型,即使只是一部分尚不完整,也無所謂。只要一個原型能讓顧客看了感到興奮,可能就會馬上釋出它,即使部分高階主管並不欣賞它,或是覺得還需要再加一些東西進去再釋出比較好。接著,成員們會腦力激盪,設想有什麼方法能夠在接下來的循環裡有所改善,並做好朝著下一個優先事項出擊的準備。

和傳統管理方式比起來,敏捷可以帶來幾種主要的好處,每一種都已經有人研究過,也有文獻可資佐證。敏捷可以提升團隊生產力與員工滿意度。敏捷可以把冗贅的會議、重複規劃、提交過多文件、品質缺陷,以及了無價值的產品功能所造成的浪費最小化。藉由提升可見度,以及持續配合顧客所看重事項的改變而自我調整,敏捷可以促進顧客的參與感與滿意度,可以提供最有價值的產品與功能到市場上,而且速度更快,更易於預測,面臨的風險還更低。透過引進來自不同專業領域的團隊成員,成為彼此合作的同儕,敏捷

拓展了全組織上下的經驗，建立起彼此間的信任與尊重。最後，敏捷透過大幅減少那些耗費力氣什麼都管的各部門專案，讓企業的高階主管，得以更全面投入於只有他們能夠做的更有價值的工作：建立與調整企業願景；排定策略行動的優先順位；簡化工作，聚焦於工作上；把任務指派給對的人選去做；促進跨部門合作；以及移除阻擋進步的障礙。

敏捷的實務工作者，對於經理們預測、指揮與控制創新解決方案的能力，都會感到十分懷疑。尤其是在連要提供什麼，以及要怎麼提供，都還很模糊的時候。現在來個思想實驗，想像一下你正負責開發一款能夠從美國明尼蘇達州開到佛羅里達州去的自駕車。你有兩個方法可以選擇：

第一個方法，是開發一種決定性版本的車款。你可以著手研究明尼蘇達與佛羅里達之間的所有道路，預測所有可能出現的急轉彎與轉彎、紅綠燈號誌的切換、路人或鹿橫越馬路、交通事故，以及天氣狀況。一旦車子在試跑時發生撞擊（無可避免一定會如此），上面就會叫你要更努力工作一點，要你提升自己的預測技術。但花更多力氣去做，就能保證可以解決問題嗎？機會渺茫。如果車子只是在隧道裡開，或許這種預測與規劃的模式還行得通，但是在現實世界裡，路況可能一下子就變得極為複雜。

　　另一種不同的方法，是透過程式讓車子能夠因應路況條件的改變。首先，要先找出某人為什麼會想要從明尼蘇達前往佛羅里達的原因。要是時而出現的龍捲風，讓佛羅里達變得太危險，也可以考慮改變路線去加州。接著，預測可能發生的狀況，發展一些能夠衡量這些狀況的方式，打造感測器以追蹤各種狀況，然後把能夠適切因應這些狀況的方式涵蓋進來。收集來自氣象中心、路況監視器以及其他駕駛人的資料，再餵給車子上裝設的這些感測器。「車子已靠近十字路口，紅燈請確實停下車子。」如果反饋迴路夠短夠敏感，改變將會是流暢而舒適的，不會讓人有突兀與不愉快的感覺。敏捷就是要做這樣的事，且走且學習。

本章的五大重點

1. 敏捷團隊是敏捷手法的核心元素。要是你不了解敏捷團隊如何運作，那麼你想在全公司擴大實施敏捷，將會非常困難。

2. 敏捷團隊相信，在決定最重要的創新項目是什麼，以及最佳的實施方式是什麼時，顧客的意見回饋，會比純粹的直覺來得管用。

3. 敏捷團隊並不會利用衝刺期，逼大家工作得更賣力或更快速。衝刺期是用來更快速取得真實顧客（包括外部與內部顧客）對於他們真正在意的東西，所提交的意見回饋。

4. 官僚人士會一直擔心，一旦自己放手不再控制，會帶來不好的後果。除非，他們在准許你實施對照實驗後，發現對照組的成功機率變成三倍，而且顧客、員工與股東，都變得更開心。

5. 當要交付些什麼以及如何交付，都還很模糊，很難以預測時，試圖採用預測、命令與控制式的創新，是有勇無謀的。

第2章

擴大實施敏捷

　　紳寶集團的航太事業，為了其獅鷲（Gripen）噴射戰鬥機產品，設置了一百多個橫跨軟體、硬體與機身等多個專業領域的敏捷團隊。要價四千三百萬美元的獅鷲，產品的複雜程度驚人。每天一到早上七點半，所有第一線團隊，就會召開十五分鐘的會議，提出工作中面臨的障礙。但其中有一些不是團隊本身的力量能夠解決的。七點四十五分，需要通力合作才能解決的問題，就再往上呈報到團隊的團隊去，各團隊的領導者們，會一起在那裡搞定問題，或是把超出能力範圍的問題再往上呈報。這種方式就一直持續執行下去，八點四十五分的時候，高階行動團隊會拿到一份必須由他們來處理，工作才能繼續進展的關鍵議題清單。紳寶集團的航太事業，也會經常性地以為期三週的衝刺期協調各團隊，公司把

專案主計畫（master plan）視為一份與時俱進、不時更新與修改的活文件，同時也會把傳統上散置於組織各角落的一些資源，重新好好配置起來。比如說，把試飛員與模擬器配置給開發團隊。正如前面所提到的，從中問世的產品，被譽為是全世界成本效益最佳的軍用飛機。

企業軟體公司思愛普（SAP SE），很早就擴大實施敏捷，十年前就已經導入敏捷流程了。該公司的多位領導者首先是在軟體開發部門擴大實施——因為那是個高度聚焦於顧客的區塊，可以用來測試與精進手法。他們建立了一個小規模的諮詢團隊，負責訓練、教練（coaching）與導入這套新的工作方式；他們還設置了成果追蹤器，讓每個人都能看到團隊獲得的成果。「把敏捷帶來的生產力大躍進的具體例子秀給大家看，就可以在組織裡影響愈來愈多的人，」當時在團隊擔任諮詢經理的塞巴斯提安·瓦格納（Sebastian Wagner）表示[1]。在那之後的兩年時間裡，思愛普把敏捷手法擴散到八成以上的開發單位裡，創造出兩千多個團隊。銷售與行銷部門的同仁，覺得自己的部門也必須導入敏捷，才能跟得上腳步，所以這些部門就跟著做了。一旦企業的前端都已經全速前進，就該是企業的後端邁開大步向前的時候了。因此，思愛普又把這個團隊轉去做內部資訊系統的敏捷。

　　當我們寫到這裡的時候，聯合服務汽車協會 USAA 已經啟動好幾百個敏捷團隊在運作當中，而且還有持續再增添數量的打算。這家專門為美軍提供金融服務的公司，把敏捷團隊的活動，和負責事業單位與產品線的人員結合在一起，以確保那些各自為損益表中的特定獲利與虧損負責的經理人，對於各種跨部門團隊將會如何影響到自己主掌事項的成果，都能夠有所了解。公司裡的每一項事業，都還是會有一個擔任總經理角色的領導高層，為事業的所有成敗負責。但大部分的工作，都還是得仰賴聚焦於人員的跨組織團隊來完成。該公司也會把技術與數位資源配置給有經驗的人員，用意在於確保事業領導人能夠擁有端到端資源，以創造出他們所承諾的成果。

　　過去十年來，曾經有過敏捷團隊的經驗、或是聽過敏捷團隊的企業領導者，都會問一些很有意思的問題：企業如果想在全公司建立幾十個、幾百個甚至幾千個敏捷團隊，該怎麼做？企業的所有單位，都可能學會以敏捷手法運作嗎？擴大實施敏捷後，企業的績效，能夠像單一團隊實施敏捷一樣，有那麼大的改善嗎？許多企業都已擴大與擴展了成立敏捷團隊的規模與範疇，諸如 3M、亞馬遜、博世、戴爾、臉書、谷歌、海爾、荷蘭國際集團 ING、樂高、微軟、網飛、

PayPal、蘇格蘭皇家銀行（Royal Bank of Scotland）、銳玩遊戲（Riot Games）、賽富時（Salesforce）、Spotify，以及目標百貨（Target）等企業，都名列其中。我們和許多這樣的企業合作過，也研究過很多這樣的企業。雖然實施敏捷的成果基本上都算搶眼，但各家公司的做法、結果，以及對於擴大實施敏捷（scaling agile）的定義，卻都很不一樣。

怎樣算是擴大實施敏捷？

擴大實施敏捷的其中一種定義很簡單，就是設置更多的敏捷團隊。把敏捷團隊的數量增加到五十，到一百，或是更多。擴展實施敏捷的範疇，讓組織的多個不同領域都有敏捷團隊運作。學會運用敏捷團隊的敏捷團隊，以因應特別大型的專案計畫。我們見過許多這類型的擴大實施敏捷，大多數有關擴大實施敏捷的評論，也都是鎖定這一種在談。我們稱之為**敏捷規模化**（agile at scale），傳統大企業目前為止關於敏捷的經驗，多屬此類。

但擴大實施敏捷還有另一種定義，只不過對多數企業來說，都還沾不上邊。我們稱之為打造**敏捷企業**（agile enterprise），從某些層面來說，這才是我們這本書真正要談

的。敏捷規模化聚焦於改善敏捷團隊的績效，但是又容許官僚體制與創新活動共存。相較之下，敏捷企業則是聚焦於打造敏捷的企業體系，讓官僚體制與創新活動轉變為彼此攜手共創更優異成果的共生夥伴。接下來的章節，將會仔細探討敏捷的推動要走多遠、走多快的問題，以及在打造敏捷企業時，在行為、流程以及作業等層面，必須做的許多改變。我們會努力在這些章節裡，全方位探討從重塑資訊科技與調整預算編製流程，到改造人資管理與獎酬制度等等課題。在本章裡，我們要實現的是較為不起眼，但同樣重要的目標。我們要讓各位對於「打造敏捷企業涉及哪些事情」有個粗略的了解，也把它拿來和野心不那麼大的敏捷規模化相比較。此外，我們也會帶大家一起看看，企業究竟是出於何種原因，才會踏上這一趟充滿雄心壯志但又時而危險的旅程。

敏捷規模化

　　一家追求敏捷規模化的公司，很可能會繼續維持官僚體制的基本經營方式。這種公司力求滿足的對象通常是股東，主要目標是成立夠多的敏捷團隊，以改善公司的財務成果。為確保敏捷計畫能夠獲利，管理當局可能會結合一些刪減成本的措施，包括裁員在內，然後用更多的敏捷團隊因應。通

常會有一個專案管理辦公室驅策轉型，和過去的那些專案團
隊推動轉型活動一樣。該辦公室的任務是要改變大家的行為
——設置敏捷團隊、提拔支持敏捷的人，以及搞定或開除那
些積極抗拒改變的人。不過，維持敏捷團隊的運作，以及確
保其預算，通常也是由高階團隊負責。過了幾年之後，公司
裡會出現更多的敏捷團隊，它們之間可能會自己產生頗有效
率的合作關係，但也幾乎可以確定，它們依然是在官僚體制
的環境中運作，從企業的管理、作業、後勤，乃至於控制等
層面，都一樣是過去幾十年來同樣的那套體系。

　　先前我們曾經指出，上述的某些實務做法是必須要避免
的陷阱，如果你想要打造真正敏捷的企業的話。不過，敏捷
規模化倒未必一定會帶來損失慘重的錯誤，反而對某些公司
來說，選擇敏捷規模化才是對的。多了幾十個敏捷團隊，尚
在傳統治理流程能夠管理得了的範圍內，只需採用一些有創
意的權宜之計，就能克服大多數的阻礙。高階主管們一樣可
以在不摧毀幾十個敏捷團隊的績效或士氣之下，維持住對這
些團隊工作內容的控管。既然敏捷團隊的績效幾乎可以說都
比傳統專案團隊來得優異，團隊的工作成果通常也會比原本
來得好。不過，這樣的做法還是存在一些重大的風險。隨著
時間過去，組織裡非敏捷的單位，可能會愈來愈不滿。這些

單位的成員可能會覺得，最好的人才都被敏捷團隊給偷走了；一些原本可以用在自己部門的財源，也被敏捷團隊給搶走了。而且敏捷團隊還可以無視預算編製的流程，損害到原本出色的實務管理做法，這在整體上會陷全公司於危險之中。這種出於不甘願而產生的不和諧，可能會迫使組織退回到採用更傳統的做事方法，而把敏捷先前創造的成果都給犧牲掉。再者，也有一個機會成本的問題：把自己侷限在只做敏捷規模化就好的公司，等於是放棄了打造敏捷企業後可能得到的潛在好處。

但最難處理的問題，也可能違背你的直覺的是，雖然敏捷團隊發展創新的品質與速度都可能比先前來得好而快，但企業領導者可能會發現，公司整體的創新速度並沒有變快。當他們深入調查原因，他們會發現「流動效率」（flow efficiency）這回事。

敏捷團隊釋出一項創新所需要的時間，取決於兩項因素。其一是自己用於完成這項創新的時間，其二則是用來等候別人的時間。等候時間也包括作業流程所導致的延遲在內，像是策略規劃的時程、決策得到批准的流程、預算編製與撥款的周期、軟體的釋出排程、法規方面的限制、人力的配置流程，以及其他數十種因素。一家公司的流動效率，就

是把「工作時間」除以「工作時間加等候時間」而計算來的（參見圖表2-1）。實證資料顯示，絕大多數的公司，其流動效率最好也就是15%到20%了，很難再好。所以，就算敏捷提升了20%的工作速度，企業的整體創新速度，可能只改善了3%到4%而已。才進步這樣，會讓人覺得好像沒有改善多

圖表2-1

絕大多數企業的流動效率，最好也就是15%到20%

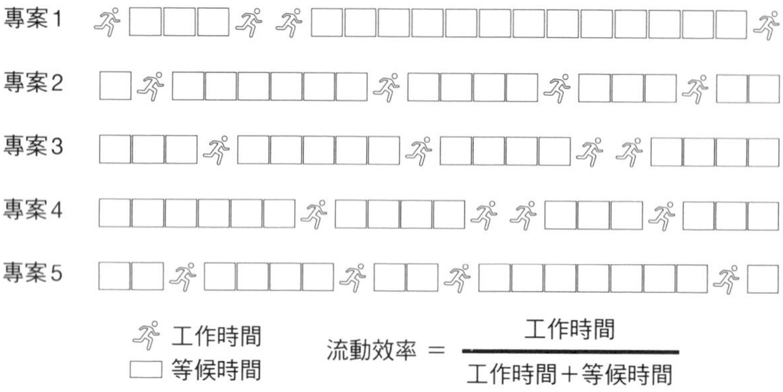

資料來源：《實用的敏捷可預測性指標簡介》（*Actionable Agile Metrics for Predictability: An Introduction*）一書的作者丹尼爾‧維坎提（Daniel Vacanti），以及《看板成熟度模型：進化中的依目標量身訂做的組織》（*Kanban Maturity Model: Evolving Fit-for-Purpose Organizations*）一書的共同作者大衛‧安德森（David J. Anderson）。

少。不只如此，一旦企業開除作業與後勤人員，把錢省下來給敏捷團隊用，卻又沒有重新設計事業流程，會變成由較少的人力來做和原本一樣的工作量。這將會造成行事的速度變慢，等候的隊伍變長，等候的時間變久，以及更多等待處理的工作。更糟的是，經理人可能會急於想辦法提升稼動率與降低成本，因此他們會把等候時間拿來讓人員額外再做其他的專案，變成人員要多工做不同事情，不但增加轉換成本，降低生產力，讓等候的時間變得更長，也進一步拖慢開發週期。到頭來，會變成真的影響到創新的速度。

　　這裡有個明顯的例子，也是無可抗拒點心公司在真實世界的版本。一家我們仔細研究過的大型金融服務公司，推出了一個試行計畫，要運用敏捷手法打造該公司的下一個手機應用程式（app）。當然，第一步就是要組一個敏捷團隊。必須先為專案提出預算需求，等到獲准之後才會撥款下來。這項預算需求必須和其他同樣也提出申請的案子一起排隊，共同在下一個年度規劃流程中爭取青睞。在接受幾個月的評估後，公司終於批准撥款。試行計畫開發了一個用戶覺得好用的應用程式，團隊也對自己的工作成果甚感驕傲。然而，應用程式在釋出之前，還得先通過傳統瀑布法（一種曠日廢時的程序，用來測試程式碼的說明文件、功能性、效能，以及

標準化）的漏洞檢測，而且還得大排長龍等候。接著，還必須把應用程式整合到核心資訊系統中，這會牽涉到又一次的瀑布法流程，耗上六到九個月的時間。到頭來，釋出程式的時間，其實並沒有比傳統方式快上多少。

所以我們該如何處理如此嚴峻的挑戰呢？敏捷企業就是為此而誕生的。

敏捷企業

敏捷企業不只是多個敏捷團隊的集合體而已，而是一種仔細維持平衡的營運模式。敏捷企業會利用敏捷手法來做三件事：(1)把公司經營得既可靠又有效能；(2)幫助企業轉型以利用難以預測的各種機會；(3)讓以上兩種活動和諧並行。所以，企業的高階主管們，只要是有意想把公司打造成這副模樣，在擴大實施敏捷時，就必須抱持著不同的思維。不要試圖把敏捷團隊和組織的其他部分切割開來，搞得好像彼此是仇敵似的；也不要試圖把每一位員工都塞到某個敏捷團隊裡。雖然敏捷創新團隊是敏捷企業的必要元素，但通常只涉及一成到五成的員工而已。敏捷體系下的大多數工作與人力，還是聚焦在維持公司的運轉上——也就是作業、後勤與控制等功能。

更有甚者，在敏捷企業裡，領導團隊會把擴大實施敏捷的流程，也看成是一種敏捷活動——其實它要算是所有敏捷活動中最不可或缺的一種。高階主管們在管理敏捷轉型時，要以敏捷團隊自許。他們要能理解，這樣的轉型是持續改善的產物，而非一個能夠預期何時結束，或是有固定完成日期的專案。他們不把員工看成是自己的部屬或是抗拒轉變的一群，而是把他們視同顧客一樣；員工的參與和意見回饋，對於成功來說至關重要。高階團隊會設定行事的優先順位與安排機會，力求改善顧客體驗、提升其滿意度。企業的領導階層會投身其中解決問題、破除阻礙，而不是把這些事情都丟給部屬去做。

在 60 多國有 40 多萬名員工的全球領導性技術暨服務供應商博世，就是採行這樣的做法。由於領導階層開始發現，身處於一個快速變動的全球化世界裡，傳統由上而下式的管理將不再管用，因此該公司很早就引進敏捷手法。但企業的不同區塊似乎需要不同方式才行，因此博世第一次嘗試擴大實施敏捷時，無意間造成了分裂的企業文化——熱門新事業引進敏捷團隊，但傳統部門就被排除在敏捷行動外，並沒有堅持「一定要全面轉型敏捷」的目標。2015 年時，在執行長福爾克馬爾・鄧納（Volkmar Denner）的帶領下，管理委員

會的成員們，決定要為敏捷團隊設計更為統一的做法。他們親自扮演起指導委員會的角色，並提名已成為敏捷專家的前軟體工程師菲力克斯・希羅尼米（Felix Hieronymi）來引領敏捷行動。

一開始，希羅尼米預計要照著博世過去管理大多數專案的方式來管理敏捷行動：有個目標，有個預定的完成日期，並且要定期回報狀況給委員會。但這樣的方式和敏捷的原則有出入，公司的各部門對於又來一個這種集中統籌式的計畫，抱持著懷疑的態度。所以他們改弦易轍，「把指導委員會改為工作委員會，」希羅尼米向我們表示，「討論起事情來，互動程度比原本高多了。」團隊針對公司優先事項編纂了一份待辦清單，還排了順位。這份清單是經常在更新的，焦點放在穩定地為提升敏捷度移除公司上下的各種阻礙因素。團隊成員還分頭行事，到各部門找領導人對話。「公司的策略，從原本的每年擬定年度計畫，進化為一個持續性的過程，」希羅尼米說。「管理委員會的成員們，會自己組成多個小規模的敏捷團隊，測試各種不同的做法——有些團隊裡會有『產品負責人』與『敏捷大師』（agile master）的角色——以因應難處理的問題，或是處理基本問題。例如，2016年釋出的十大新領導原則，就是其中一個團隊起草的。

他們都親身體會到，顧客對於改善的速度與效率的滿意。那不是你靠著看書就能得到的體驗。」如今，博世是由多個敏捷團隊，與傳統的結構化部門，共同維持公司的運作。但博世表示，公司幾乎所有層面都引進敏捷價值，大家合作得更有效率，對於持續變動的市場狀況，也得以更迅速因應（我們會在後面的章節再深入探討博世的例子）。

打造敏捷企業並不代表著要完全丟掉官僚體制。任何一個考慮這麼做的人，都必須先通過作家史考特・費茲傑羅（F. Scott Fitzgerald）知名的用於檢驗一流智力的標準：「看你有沒有能力在腦海中同時想著兩種彼此對立的想法，還能夠繼續正常行事下去。」[2] 他說得對，組織本身就需要那樣的智力。

另一方面，敏捷企業會需要隨處都在追求創新的敏捷團隊——而且我們講的創新，可不只是像無可抗拒點心公司提案新的點心產品線那樣，只是推出新產品而已。企業的事業流程、技術、人才，甚至財務等等，都需要創新。敏捷團隊可以仔細審視供應鏈流程、人資政策，以及提供服務給顧客的實務做法。

簡單講，敏捷企業就是一個跨部門團隊。敏捷企業的領導階層，必須把公司經營得既可靠又有效能，要讓企業轉型以利用難以預測的各種機會，還要讓以上兩種活動和諧並

行。這個觀點與中國的二元哲學，或說陰陽哲學，是一致的。日常作業與創新是互補而互依的兩種活動，彼此都需要對方才能成功做好。所有的緊張、制約與平衡，都只是健全的作業體系所具備的特徵，而非它的缺陷（參見圖表2-2）。這也是我們之所以要貫穿全書強調「平衡」這個概念的原因。當然，正確的平衡點，會因為不同產業、不同公司，以及公司內的不同活動而有所不同。在機器人產業的創新領導者，要管理其研發活動，和在砂石產業的大宗物資企業，管理其採礦作業相比，前者所需要的改變會遠比後者來得多。

圖表2-2

企業的陰與陽

打造敏捷的願景與策略

力求打造敏捷企業的領導人，都知道未來願景有助於大家突破官僚思維的禁錮。他們很清楚：有效的策略，以及它所提出的行事優先順序，都是讓敏捷團隊聚焦於正確事項上的必要安排。但他們也很清楚，對於未來的預測，通常都是錯的；他們可能沒把握，自己打算走多遠、走多快（第三章會深入探討此事）。所以，他們要如何才能發展出一套願景與策略，並且推銷給大家，好讓這套願景與策略能夠實現，又不會在二者之一或二者都證明有瑕疵後，顯得自己很不睿智？很遺憾，最常見的做法就是拒絕承認這套做法有其缺點——雖然接替上台的領導人，將會很樂意在插手改變既有路線時，全部給抖出來。

比較好的方法是用敏捷團隊的方式思考，用敏捷手法打造願景。

流程的起點和當初之所以會有敏捷團隊存在的唯一原因一樣，就是藉由幫助某些顧客往他們的目標邁進，來改善我們自己的績效。敏捷團隊通常會透過使用者故事（user story）的形式，把顧客想要達成的目標呈現出來。最簡易的使用者故事看起來會像是圖表 2-3 那樣。至於更複雜的版本，就會

比較像圖表2-4。

圖表2-3

簡易版的使用者故事

身為一個： _____（顧客類型）

我想要： _____（想要的解決方案與體驗）

因此： _____（顧客目標；功能上與情感上的益處）

圖表2-4

較複雜版的使用者故事

身為一個： _____（顧客的類型）

我正努力著要： _____（顧客的目標）

但我面臨到： _____（顧客旅程中的特定情境）

讓我感到挫折的是： _____（挑戰與障礙）

我常用的因應方式是： _____（不滿意的權宜之計）

我希望可以： _____（想要的體驗與品質定義）

好讓我能夠： _____（想要的功能上與情感上的益處）

如果你能解決問題，我願意放棄： _____（其他的替代方案）

但我害怕自己會失去： _____（替代方案的好處）

我也擔心你的解決方案可能會： _____（可想像的風險與採用時的焦慮）

　　只要能有適切的使用者故事到位，敏捷企業的領導人，就能透過各種不同顧客的觀點，去探索這個世界。這裡講的顧客包括終端消費者、營運人員、創新人員、財務投資人，以及外部社群在內。這又是另一個必須求取平衡之處。過去幾十年來，企業對於短期財務成果之看重，已經膨脹到不健康的水準（很多管理團隊都力求讓總股東報酬率擠進排名的前25%，但不管怎樣，都會有75%的公司無法做到這一點）。因此敏捷大老（agile guru）們很流行做一件事，就是認為財務成果和官僚體制一樣，都是沒必要的東西，建議大家只要專注在顧客滿意度就好。這毫無疑問是值得報導的金句，但除非你的產品是免費大放送，送完就把店收掉，否則你還是得維持顧客滿意度與其他目標間的平衡。

　　因此，第一步是要發展出一套策略假說，據以有效平衡與整合顧客解決方案，建立企業的永續性。下一步是要展現你的謙卑，承認這套策略假說當中，有一部分可能是需要再調整的。領導人不能只是聳聳肩、把雙手甩到空中，聲稱「我們沒有證據顯示這麼做會管用，但如果真能辦得到，那會很酷！」就算了。領導人可以做的是，把這套策略可能帶來的潛在好處描述出來，並找出在哪些假設為真的情形下，這套策略是能成功的，並製作一份排定優先順位與執行順序

的活動列表，讓組織據以朝著願景邁進，而且要在過程中繼續檢驗假設，做必要調整。我們把這份列好順序的活動表稱為企業的待辦清單。在建立清單的同時，也要用到團隊的分類法（taxonomy）。

團隊的分類法

正如敏捷團隊會編擬一份未來等待完成的工作待辦清單，那些成功擴大實施敏捷的企業，通常也會從建立企業待辦清單開始著手，並建立一套團隊分類法，以安排執行待辦清單的團隊。這套分類法要先找出關鍵的消費者解決方案，以及能夠予以支持的事業流程與技術。接著要決定的是，要在哪些地方部署敏捷團隊，以及如何協調或結合彼此間有高度相依性的團隊。第一步，找出所有會顯著影響外部與內部顧客決策、行為與滿意度的體驗。這些體驗通常可以分為12種左右的主要體驗。例如，零售顧客的其中一種主要體驗，就是買東西與付帳。而這又可以再細分為幾十種特定體驗（顧客可能必須選擇付款方式、使用折價券、用紅利點數折抵、完成結帳程序、拿到收據等等）。第二步要檢視的是這些顧客體驗之間的關係，以及關鍵的事業流程（比如說，改善結帳程序以節省排隊時間）。一方面是要減少不同團隊負

相同責任的情形，並促進流程團隊與顧客體驗團隊之間的合作。第三步要聚焦於開發技術系統（像是更好用的手機結帳應用程式），以改善支持顧客體驗團隊的事業流程。

以一家百億美元的企業來說，分類後可能會分出250個到1,000個以上的團隊。這些數字聽起來很嚇人，要做這麼多改變，高階主管們通常想到就頭大（「要不要我們先試試兩三個這種東西，看看做得怎麼樣？」）。但分類法的價值在於，它鼓勵企業在探索轉型願景的同時，把通往願景的旅程拆分為很多的小階段，任何時候都可以暫停旅程、轉彎換方向，或是中止旅程。分類法也有助於領導人找出限制因素。例如，當你已經知道應該設立的團隊，以及這些團隊所需的人才類型後，你還得自問：我們手邊有這些人才嗎？如果有，人現在在哪裡？分類法可突顯出你目前的人才缺口，以及你必須雇用或重新訓練出哪些人才類型，才能填補團隊需求。領導人也可以藉由分類法得知，對於提供更好的體驗給顧客的目標，每個潛在團隊各自扮演了什麼樣的角色。

以聯合服務汽車協會USAA的分類法為例，它是完全開放給全公司上下任何人都能看到的。「如果你的分類法不是真的夠好，就會出現冗贅與重複的情形。」在我們開始為撰寫本書做研究時，當時擔任該協會的營運長的卡爾·李伯特

（Carl Liebert）如此告訴我們。「我希望當我走進一個會議，詢問『會員的更改地址的體驗由誰負責？』的時候，負責的團隊可以清楚而充滿自信地回答我。不管會員是打電話來辦理，用筆電連上我們的官網辦理，還是透過我們的手機應用程式。沒有指責推諉，也不可以在回答的時候用『這個問題很複雜』開頭。」USAA 這種分類法的意圖在於，如何把正確的人放到正確的工作上，又不致於引發混亂。當階層式組織框架無法配合顧客行為時，這樣的連結尤其重要。例如，很多公司的線上與線下各有各的營運框架與損益表，但顧客要的是無縫的、已經整合完畢的全通路體驗。若能採用明確的分類法，來建立跨組織的正確團隊，要配合顧客行為可能就不是問題。

　　你可能會問，等一下，那我要拿什麼來付薪水給這些團隊？在大多數的案例中，答案是減少無生產力的創新活動，並把繼續維持下去的創新活動重新設定為敏捷團隊。經過分類之後，往往可以發現，現行的創新團隊有三分之一是把力氣花在顧客並不想要，或是團隊無法完成的事情上。既有的程序當中，並沒有任何好方法可以停掉這些創新活動，只能等它們的預算花光為止。但敏捷手法能夠改變這種狀況。對於那些要繼續運作下去的團隊，敏捷手法至少可以幫忙提升

兩成的生產力，有些甚至還提升更多。隨著敏捷團隊繼續改善事業流程與技術，效能還會再提升。

安排轉型順序

　　有了分類法在手，領導團隊就能排定活動的優先順位與執行順序。這個部分有很多衡量標準都需要領導人來考量，包括在策略上的重要性高低、預算的限制、人員的可取得性、投資報酬率、延遲成本的多寡、風險的大小，乃至於各團隊間的互依性等等。但最重要的一點，也是最常被忽略的，一個是顧客感受到的痛點（譯注：指顧客原本對產品或服務的預期，未能得到滿足所感受到的不滿），另一個是組織自身的能力與條件限制。這些因素在在決定了，要多快推出產品與服務，以及組織能夠同時管理多少敏捷團隊，這兩件事之間的平衡。

　　有些公司曾經因為面臨緊迫的策略威脅，需要根本性的變革，就在某些部門推行翻天覆地的、所有事情同時改變的敏捷計畫。我們在本書前言提到的荷蘭國際集團ING，就是一個例子。當時擔任該集團營運長的巴特・施拉曼（Bart Schlatmann），在一次訪談中回顧道：

我依然記得，2015年1月，當我們宣布，總部的所有員工都成為自由之身，具體意思就是大家都沒工作了。我們要求每個人在新組織裡重新申請新職位。挑人選的過程很激烈，我們把評斷的重點放在文化與思維，而非知識或經驗。我們為新組織挑選了2,500名員工——有近四成的人擔任和原本不同的職位。當然，我們失去了很多有知識但缺乏正確思維的人員，但只要一個人具備內在能力（intrinsic capability），要學會知識是很容易的[3]。

可以理解，他刻意把當時的經驗講得很好聽。但各位是否能想像，當時的這個活動，在勞工的心裡引發多少恐懼與創傷？為什麼要走這一步所費不貲的險棋，做為起手式呢？這樣的手法強調的是成本的撙節，而非創新與成長。事後，由於員工都曾經擔心工作不保，而且他們之中還有四成是在新職位上，還得再建立一套新方法和他們共事，導致整個計畫一開始就搖搖欲墜，更別說領導團隊的做法所示範的，恰恰是和敏捷的價值背道而馳的東西。

其實，翻天覆地的轉型是很難的，它需要領導團隊的全心承諾、善於接納的企業文化，也要有足夠多的有才華又有經驗的實務敏捷工作者能夠配置到幾百個敏捷團隊去，而不

影響企業的其他能力，以及高度規範性的指導手冊，協助讓每個人的做法都能一致。此外，還需要對於風險的高度容忍，以及應急計畫，用於因應預期外的運作失常。缺少這些資產的公司，最好還是按部就班推展敏捷，各部門則是要視自己的能力再安排實施敏捷的機會。有了概略的願景與排定順序的待辦清單在手，高階主管們就能先推第一波敏捷團隊出來，針對這些團隊所創造的價值，與所面對的限制條件收集數據。接著就能據以決定，是不是要再走下一步，以及何時走、怎麼走。我們同樣會在第三章詳細探討敏捷活動要走多遠、走多快。

擬定相依性計畫

敏捷手法的特色之一是，它會把複雜的問題拆分為更好管理的多個小模組。這也是敏捷企業之所以需要那麼多敏捷團隊的原因之一。但要協調與整合這些模組，就是企業中心部門的工作了。各個團隊之間必須完全透明，彼此都知道別人在做什麼，以及可能帶來的效應。在官僚體制裡，所有事情都會回流到中心樞紐去，接受指示與核可。但相對的，敏捷企業必須發展出結點與結點之間能夠在缺乏中心樞紐的狀況下彼此合作的網絡，因此透明度是必要的。技術系統可以

幫上忙，但經常性的面對面溝通，往往是必要的。

　　有時候，設置一個小小的專案管理辦公室，也可以幫上忙。不管是幫忙協調還是補高階委員會之不足。但不要忘了，目標是要建立敏捷企業。一個專案或轉型辦公室，不能變成一個敏捷糾察隊，或是造成領導人與敏捷團隊之間的衝突。這個部署必須維持精簡與服務導向，觀察敏捷團隊的成果，並把改善機會呈報給高階團隊。如果轉型真的像我們講的那麼重要，高階委員會應該要像博世那樣，投注足夠的時間在上面。也可以設置與敏捷相關的卓越中心（center of excellence），主要聚焦於訓練與教練敏捷團隊，以補這個專案辦公室之不足。大家都可以來找訓練師或教練，但是只有在敏捷團隊提出需要他們幫忙時，才找他們過來。

　　有很多公司在啟動敏捷轉型後犯了一個錯：只想尋求一些易達到的小成就。他們把敏捷團隊放到遠離現場的孵化器裡，或是插手干預，為系統性的問題安排一些能暫時解決問題的簡單權宜之計。這種寵溺敏捷團隊的做法，固然可以提高它們行事的成功機率，卻未能製造出把敏捷團隊擴大實施到幾十個、幾百個，所需要的那種學習環境與組織變革。企業早期的敏捷團隊，就是肩負著命運的重擔。要去測試它們，就像測試任何產品原型一樣，藉以呈現出多樣化的實際

情境。實施敏捷最成功的公司，都會把重點擺在：在各行其是的多個部門之間，造成最大挫敗感的那些重要的顧客體驗上。

不過，任何一個敏捷團隊，都不該在還沒做好準備前就上路。做好準備的意思並不是已經有了細部計畫，或是已經有了成功的保證。它指的是一個團隊已經：

- 聚焦於高風險的某個重大事業機會

- 為特定結果負責

- 獲得了可以自主運作的信任——有明確的決策權引導，有適切資源，成員中有一小群具有多種專業的專家，這些人對於面對的機會充滿熱情

- 承諾運用敏捷的價值、原理與實務做法

- 獲得授權可以和顧客密切合作

- 能夠迅速打造產品原型，擁有快速的意見回饋循環

- 有高階主管的支持，他們會幫忙排除阻礙，使大家接納敏捷團隊的工作

這種敏捷團隊無論進展速度如何，無論終點在哪裡，應該都可以很快看到一些成果。財務方面的成果可能需要多一些時間才會出現——亞馬遜創辦人傑夫・貝佐斯（Jeff Bezos）

認為，大部分的敏捷活動都需要五到七年才會為亞馬遜帶來好處——但顧客行為與團隊在解決問題上的正面變化，都是證明敏捷活動走對方向的早期徵兆。開始展開敏捷活動時，3M健康資訊系統（3M Health Information Systems）的先進技術小組每一到兩個月會成立八到十個敏捷團隊；在兩年的時間裡，他們已經成立了90多個在運作的敏捷團隊。不久後，3M的企業研究系統實驗室（Corporate Research Systems Lab）成立，但三個月內就推出20個敏捷團隊。「採行敏捷已經讓我們的產品上市時程加快，有個beta版的應用程式，比我們最初規劃的還早六個月就上市。」3M健康資訊系統的一位資深程式經理泰咪・斯帕羅（Tammy Sparrow）表示[4]。

調和官僚與創新

　　企業推出愈多支敏捷團隊，就愈可能遭遇到一個狀況：組織裡的敏捷陣營，與官僚陣營之間的齟齬。過去大家曾經假設過，這兩種元素必須隔開，因為創新活動常常會被官僚體制所抑制。這也是為什麼很多人會懷抱著一個夢想：「希望組織能夠有一個左右開弓的領導人」，既善於經營企業，又善於改造企業。很多組織也是因此而為破壞性的新創事業

建立臭鼬工廠，或是獨立的營運部門。但不幸的是，這樣的領導人很少見，不成氣候的臭鼬工廠也經常都是中途夭折。

不過，敏捷企業必須在公司的營運與創新之間，建立和諧性與互補性。那些在敏捷的旅途上走得最遠的企業，已經學會怎麼去做。例如，第八章會談到的亞馬遜，已經在既有的組織中心，建立起龐大的創新事業；此外，亞馬遜也安排過其官僚部門，好讓它們能夠和創新活動和諧相處。敏捷企業通常會仰賴三種工具，建立雙方的和諧性。

其中一種克服雙方齟齬、把組織導入正軌的出色做法是，把營運人員也引進來敏捷團隊。找幾個需要他們的專業知識的營運人員，加入敏捷團隊擔任專任的成員。再找幾位擔任主題專家（subject matter expert），每當有緊急需求時，就能請他們來幫忙。在敏捷團隊中納入大量的營運人員，以挑戰現有的營運標準，並重新設計事業流程與技術，以打造效能與品質的新標準。要在創新人員與與營運人員間建立信任與合作，確保敏捷創新在各種營運情境下，都能夠確立地位，有效率地擴大實施。此外，隨著營運人員學到愈來愈多的敏捷價值與原則，他們有可能會開始找機會應用到自己的部門去。以下列出來的十個問題，可以提示公司一些方式，幫助更多人了解敏捷的原則，繼而實際運用出來。最後一步

是讓全組織上下都能接納敏捷的價值與原則，到時候要讓營運活動與創新活動協調，就容易得多了。

在組織裡服務於支援與控制部門的人，也就是官僚，也可以加入敏捷團隊，再把價值和某些原則帶回自己的部門去，建立起一個或許可稱之為「經敏捷和諧化的」（agile-harmonized）官僚體制。官僚部門可能不會像敏捷團隊那樣運作，但他們可以學習如何維持更出色的官僚體制。同樣的，以下的十個問題，是催生出必要變革的優良指南。官僚作風的領導者，可以多培養一些謙卑。他們可以多拿出一些意願去質問預測的價值。他們可以開始把創新人員想成是他們的顧客。一旦學會，敏捷的思維就會落地生根。如果基層員工開始針對他們的領導者提出這樣的問題，你就知道，敏捷可能要茁壯起來了。

衝刺期是敏捷裡的概念，這也是個讓組織和諧化的強力工具。衝刺期提供了一種迅速又不昂貴的方式，可以減少等候時間，加快調適速度。衝刺期可以把冗長的大型計畫，轉變為一批批規模較小的計畫，在面對內部與外部員工時，運用的是快速的意見回饋循環。這使得在複雜體系裡工作的人，可以因應變化或新需求，迅速啟動、停止，或轉換活動。衝刺期的功能很像是讓轉動速度較慢的大齒輪，與轉動

企業在成立更多敏捷團隊時，應該要問的十個問題

擴大實施敏捷往往是個挑戰。以下的問題可以幫助你踩對第一步。

1. 我們可以在什麼地方慎重地給予大家更高的自主性與決策權？

2. 是不是該讓更多員工學習製作待辦清單，這樣他們就能安排工作的優先順位與執行順序？

3. 大家要如何才能從顧客那裡收集到更多意見回饋？

4. 員工要如何把在製品減到最少？

5. 我們是否能藉由定期自我回顧，找出更好的工作方式？

6. 每天早上花15分鐘開協調會議，是否有助於我們彼此相互幫忙？

7. 我們是否該運用更多以團隊為單位的評鑑指標與激勵措施，鼓勵大家多多合作？

8. 我們該如何更迅速提供更多關於績效的意見回饋？

9. 公司有什麼價值貢獻低的職務是可以砍掉的？

10. 公司有什麼事項可以讓我們做實驗，進行增量迭代式（incremental, iterative）的開發？

速度較快的齒輪，能夠同步運轉的離合器。企業一旦導入衝刺期，突破性的創新，就可以不必是會嚇壞官僚的那種耗時五年的大賭注，而變成是能夠經常檢視與調整的多段短期衝刺。同樣的，計畫擬定與預算的提供，可以不必是以年為單位的繁瑣循環，每每迫使創新團隊延後起步時間，或是無法提早把已經在垂死掙扎的活動給結束掉。把又臭又長的計畫擬定與預算規劃流程，打散為每季一次的衝刺期，將可把等候時間最小化，提升流動效率。要想促進自己的敏捷度，除了計畫擬定與預算規劃外，企業還可以在很多地方找到機會，像是績效評鑑、企業流程評估、結構性改變，以及溝通計畫等等。

擴大實施敏捷的框架

在結束擴大實施敏捷的話題前，我們應該來看看幾種可以用來管理敏捷任務的框架。畢竟，要想管理敏捷規模化，領導者必須懂得夠多，才能定義他們所謂的敏捷是什麼，以及他們打算要用的方法論。我們的客戶永遠都想要知道，哪種方法論最好？

但很遺憾，我們沒辦法提供簡單的答案給各位。敏捷的

框架有好幾十種，如果所有團隊都使用同樣的敏捷框架，確實會比較好管理，但有這麼做的必要嗎？可不可以有些團隊用Scrum框架，其他團隊使用看板、極限編程（XP）、水晶（Crystal）、動態系統開發方法（Dynamic Systems Development Method, DSDM），或是一些混合的手法？一如往常，答案就在平衡與取捨。一來，強制大家一致，等於是把官僚體系強加於敏捷度上——一種滑坡效應。二來，擴展敏捷框架的數目，是會實際耗費到成本的。訓練費用會因而增加，人員轉換團隊的難度會變高，不同團隊間也比較無法分享最佳實務做法。協調與溝通的成本增加，跨團隊開發要規劃路線圖與安排釋出日期也會變複雜。

　　相對容易的方法是挑選一兩種框架給敏捷團隊使用，而Scrum可能會是組合的選項之一（資訊充分揭露：Scrum公司與Scrum@Scale目前和我們貝恩策略顧問公司有合作關係）。Scrum的用戶數大約是第二名的「看板」框架的十倍，在超過二十五年的時間裡，已經有數萬名用戶予以測試與改善。它是一種很有彈性的框架，常會和其他手法結合運用，包括看板與終極編程在內，而且並不困難。Scrum的訓練素材很紮實，有豐富的使用訣竅。幾乎所有專案管理軟體與擴展系統，都會假定用戶建的是Scrum團隊。

不過，擴展框架的選擇就更複雜了。擴展框架是在大約2010年左右才開始出現，新近的用戶調查顯示，四大最受歡迎的框架依序是「大規模敏捷框架」（Scaled Agile Framework, SAFe）、「不知道」、「Scrum of Scrums」（也就是Scrum@Scale），以及「內部自己想的方法」[5]。換句話說，這個領域尚未填滿的空白面積還很大，也持續有新玩家加入。最新的加入者包括Spotify模型（Spotify Model）、紀律敏捷交付（Disciplined Agile Delivery, DAD）、Large Scale Scrum（LeSS）、企業級Scrum（Enterprise Scrum）、精實管理（Lean Management）、敏捷項目組合管理（Agile Portfolio Management, APM）、Nexus，以及企業敏捷治理配方（Recipes for Agile Governance in the Enterprise, RAGE）等等。你就知道為什麼大家會這麼困惑了。

要介紹所有這些框架，或是向各位推薦其一，並不在本書的範疇中。它們各自的支持者所提出的擁護之詞，往往讓人覺得比較像是一場宗教戰爭，而非為了導向敏捷宣言的那種合作式的意見交換。不同框架之間的爭辯，肯定也不是在書裡用幾個段落的篇幅就能解決的。我們和絕大多數的敏捷擴展框架，都曾密切合作過，也能體會每一種框架都有它的熱心粉絲。但在慎選框架時，重點應該不是哪個框架最出

色，而是哪個框架最適合企業的特有需求。所以我們來看看三個最受歡迎的框架，各自有什麼優缺點，以及最適於何種營運環境吧。

大規模敏捷框架（SAFe）

　　SAFe是在2011年正式問世，截至本書付梓時共有六次重大更新。約有三成的公司表示，他們在擴大實施敏捷時，用的是這套框架。它也是目前為止講得最細、最具規範性的手法。任何首度造訪SAFe官網的人，可能都會覺得，網站上可以找到的指導資訊之多之具體，都要把人淹沒了（一份谷歌的網站研究顯示，大規模敏捷框架的網站上有2,390個索引頁面，相較之下企業級Scrum則是41個索引頁面）。SAFe是建立在堅實的Scrum基礎上，提供四個層次的擴展規範：團隊層次、計畫層次、大型解決方案層次，以及組合項目層次。其核心前提在於，管理者應該把創新工作拆分為多個價值流，分別聚焦於不同的顧客需求上。大部分的價值流都是配以五到十個敏捷團隊（50至150人），團隊的總稱叫做發布列車（release train）。如果某個價值流需要更多敏捷團隊，就會額外再加開發布列車。SAFe也引進了一些新角色，包括精實項目組合經理（lean portfolio manager）、史詩

負責人（epic owner）、企業建築師（enterprise architect）、解決方案建築師（solution architect）、解決方案經理（solution manager）、解決方案列車工程師（solution train engineer）、產品經理（product manager）、系統建築師（system architect）、發布列車工程師（release train engineer），以及事業負責人（business owner）等等。SAFe也同時為Scrum的擴大實施增加了一些活動與產出物。2018年發布的版本（SAFe 4.6版）聚焦於強化五大核心能力：精實敏捷領導、團隊與技術敏捷度、名為DevOps的軟體開發實務做法以及隨選發布、事業解決方案與精實系統工程，以及精實組合項目管理。（SAFe 5.0版則已在2020年1月發布。）

　　SAFe的強項包括：所提供的規範、訓練計畫、超乎團隊層次看待績效的宏觀眼界、能夠吸引控制導向的高階主管，以及在不同團隊間協調相依性的能力等方面，都兼具廣度與深度。它發展出一套完整的團隊分類法，而且管理得不錯。很多用戶很喜歡名為「計畫增量（或稱大房間）規劃」（program increment planning）的協調與一致化功能，可以每八至十二週讓不同團隊間同步化一次。SAFe的弱項包括：規範的僵固性；在技術與軟體開發以外的創新上可用性較有限；規劃與協調活動上的時間和金錢花費較多；擴展的過程

會受到比較多由上而下式的官僚體制的干擾；以及對人資、行銷與顧客服務等支援與控制部門的和諧化比較缺乏關注等等。

　　整體來說，SAFe在高度聚焦於技術，框架又龐大的組織裡，運作起來最有效率。在害怕模稜兩可、想要維持相當程度由上往下的控制，不認為自己需要很多突破性創新，以及有大量團隊需要針對其間的互依性做協調的組織裡，將會運作得很不錯。當然，在已經有足夠經驗與自信能把流程修改得符合自己需求，以及增加彈性以符合自身文化需求的組織裡，SAFe也是管用的。

Scrum@Scale（Scrum of Scrums）

　　2014年時，Scrum的共同發明人傑夫・薩瑟蘭，就公開介紹過Scrum@Scale框架。不過，他也立馬表示，打從Scrum存在，Scrum團隊的團隊就存在了——那距今已經25年了。他設計出Scrum@Scale這個框架，藉以在他稱之為「自由拓展的架構」（scale-free architecture）的「最小可行官僚體制」（minimum viable bureaucracy）的環境裡，協調多個團隊。這個系統的設計就是用來在整個組織裡擴展敏捷之用的——所有類型的組織，所有部門，所有產品，所有服務

都可以。薩瑟蘭在設計的時候，刻意不增加複雜性進去，因為那可能會有損於個別 Scrum 團隊的生產力。藉由「用 Scrum 手法擴展 Scrum」的方式，它可以把變革速度維持在組織決定的水準。和 SAFe 比起來，它嚮往的是在較少的規範性流程下，實現較為全方位的企業轉型。

為協調不同團隊間的互依性，這個框架在運作時常會把各團隊的產品負責人找來一起討論，看看每個團隊目前正在**做什麼**；此外，也會把各團隊的 Scrum 大師們找來，共同分享自己現在是**如何做的**。換句話說，Scrum@Scale 並沒有把各團隊的所有人都找來討論協調事宜，而是從各隊找出代表前來，一起管理互依性。這個框架追求的是，藉由流程中的透明性（Transparency）、檢驗性（Inspection）與適應性（Adaptability），在全組織建立包括開放（Openness）、勇氣（Courage）、專注（Focus）、尊重（Respect）與承諾（Commitment）在內的共通價值。

這個框架設有「高階後設 Scrum 小組」（Executive MetaScrum Team），充當全組織的總產品負責人。這小組再和各團隊的產品負責人合作，發展出全組織的願景，排定策略優先順位，並讓所有團隊都腳步一致，圍繞在共通的目標下。還有個「高階行動小組」（Executive Action Team）則是

充當全組織的總 Scrum 大師，負責和各團隊的 Scrum 大師合作，把阻礙各團隊進展的限制因素給移除掉。這兩個高階小組之間，則是運用共同的意見回饋工具與指標連結其工作。

　　Scrum@Scale 的強項包括：有雄心壯志要改善全組織的敏捷度；框架與 Scrum 的成功價值、原則及實務做法之間的完全一致性；只花很少的間接成本，就減少了官僚體制的階層與瓶頸。該框架的粉絲還舉出了其他的強項，像是聚焦於減少做決策的所需時間，以及它的高透明度，這使得團隊間可以迅速減少未能創造價值的活動。Scrum@Scale 認同知識與基礎設施團隊對於支持 Scrum 團隊所扮演的角色，但認為它們不算是正式運作的 Scrum 團隊。這套擴展框架的弱點包括：比較缺乏具體的規範性實務做法；比較沒有什麼技術可用於為數眾多的高獨立性團隊之間，有效地做好協調的工作；全公司成功轉型的實際案例比較少。另外就是，已經在使用另一套框架（像是 SAFe）的公司，要換過來使用 Scrum@Scale 會比較困難，因而可能會把既有框架中一些他們覺得有用的元素保留下來。

　　整體來說，Scrum@Scale 框架在那些覺得 Scrum 手法用起來很舒適，希望透過擴大實施，繼續強化 Scrum 基本價值與原則的組織裡，用起來會最有效率。如果企業覺得某種程

度的模稜兩可沒有關係，想要把原本的敏捷手法，在量身修
改後用來擴大實施，那麼採用這種框架也可以運作得很好。
當組織想要把比較多的焦點放在突破性創新活動上，而非由
上而下式的控制活動上，這個框架用起來就會很有效。

Spotify 模型

　　Spotify 是一家媒體服務與音樂串流的供應商，對於自己
的敏捷擴展框架，它當然是最清楚了。當初建立這個模型，
是為了在自己獨特的工程組織與文化中擴展敏捷團隊。該公
司警告，這套模型隨時都在進化，其他公司不該抄去用。即
使是 Spotify 公司內部的其他部門，也不宜這麼做。即便如
此，自從 2012 年亨里克·克尼柏格（Henrik Kniberg）與安
德斯·伊瓦爾森（Anders Ivarsson）對外公布他們針對
Spotify 擴大實施敏捷所做的研究報告後，許多公司無視於
Spotify 的警告，複製了該公司的工程結構，並試圖整個套用
到自己的公司上[6]。後來造成的結果是小隊（squad）、部落
（tribe）、分會（chapter）、公會（guild）等專有名詞充斥，
全都是來自 Spotify。「小隊」就像是 Scrum 團隊；「部落」則
是在相關領域工作的不到十個小隊的集合（即一百人以
下）；「分會」是擁有類似的職能性技能的人的群體，大家在

同一個部落裡以矩陣式形態共事;「公會」則是非正式的社
群,讓興趣相同的人可以分享知識與實務做法。

　　Spotify 模型是很直覺式的,很好懂;它在 Spotify 的工程
部門中運作得很好,但是在策略規劃或財務等領域,它就不
是太重要。這套框架最適合團隊有高度自主性,又有共同的
目標引領的企業。這框架容許各個團隊可以發展自己的工作
方式,在敏捷工具與技術的選擇上也有彈性。至於它的弱
項,就是比較缺乏規範。由於該公司是為已經存在的文化設
計這個模型,原本的文化規範與工作方式已經足以讓該模型
有效運作,不必再規範什麼或是改變什麼。很多採用 Spotify
模型的組織,都假定 Spotify 的敏捷活動成功的關鍵在於組織
結構。但事實上,是由於該公司企業文化中原本就存在的信
任與合作的基因,才得以維持那樣的組織結構。也因為這
樣,該公司的模型,比較沒有在發展合邏輯的分類法,或是
管理不同團隊間的互依性。由於是模組化的產品與技術架
構,Spotify 的團隊間的互依性,比大多數組織都來得少。這
使得那些試圖複製 Spotify 模型,產品線之間卻又需要針對互
依性做密切協調的組織,往往最後會弄出一個製造混亂的部
落結構。這模型並未針對開發部門以外的營運、支援與控制
等功能,描述其結構、角色與決策權。

　　整體來說，對那些文化與架構類似於Spotify的公司來說，Spotify模型用在其創新部門，會很有效。Spotify的工程文化往往很強調僕人式領導，團隊間的互依性最小化，自主性、民主決策，以及重視創新更甚於避開風險。如果想把這套Spotify模型應用到不同文化或是公司裡的不同單位，就有賴精巧的量身修改了。

　　正如前面這些簡要的概述所顯示的，擴展敏捷的各種模型之間，有相當的差異存在。每個模型能夠成功發揮作用的企業與文化環境，可能是不一樣的。這些模型對於敏捷規模化的實施都有幫助，但目前還沒有任何一個擁有具說服力的成果，能證明自己對於打造敏捷企業也有幫助。在那之前，企業還是必須把這些框架拿來合併使用，量身修改使用，或是再予以強化，以因應自身的獨特狀況所需。

本章的五大重點

1. 著手打造敏捷企業的公司，與推動敏捷規模化的公司，無論是思維還是採用的方法，都有很大的不同。

2. 增加幾十個幾百個敏捷團隊，已經足以推動敏捷規模化。但如果中心思維與營運體系依然還是官僚作風，

將會限制到敏捷的潛能。

3. 打造敏捷企業必須要找到營運與創新間的平衡，並把二者整合起來。敏捷企業會把公司經營得既可靠又有效能，還要幫助企業轉型以利用難以預測的各種機會，還得讓以上兩種活動和諧並行。

4. 想要管理敏捷企業的轉型，最好的做法是把它當成又一個敏捷團隊來管理。

5. 打造敏捷企業的公司，會在事業中看到重大變革的出現。擴大實施敏捷後，工作的混成比也會改變，相較之下創新做得比較多，原有的既定作業做得比較少。

第3章

你想要多敏捷？

劇透警告：本章的標題，其實是個陷阱題。很快你就知道為什麼了。但現在我們先來看一個不同類型的旅程故事，做為開頭。

1982年2月時，馬克‧艾倫（Mark Allen）24歲，已經大學畢業兩年了。他是實力堅強的泳將，當時在聖地牙哥做過救生員的工作，不時會報名救生員比賽，成績很出色。聖地牙哥是現代鐵人三項（簡稱三鐵；也就是結合了游泳、自行車與跑步的長距離比賽）的故鄉，當時還算是很新穎的比賽，很多人都懷疑它能存活多久。

但艾倫深深地為三鐵所著迷。那個月，他決定要參加在夏威夷舉辦的第六屆鐵人三項世界錦標賽（Ironman World Championship），時間是當年的十月。賽程的內容很嚴峻：

要先游 2.4 哩（3.86 公里），再騎 112 哩（180.25 公里）的自行車，最後是 26.22 哩（42.2 公里）的馬拉松長跑。

一開始，艾倫是找全球最頂級的那些三鐵選手的跑步速度做為標竿。他發現他們的成績接近於一哩跑五分鐘，所以他就照著做了。以這個速度跑步，讓他的心跳變成每分鐘 190 下。但他還是很相信當時所謂「沒有付出、就沒有收穫」的訓練哲學。不幸的是，他的方法未能奏效，1982 年的那場比賽，他是參加了，但沒有完賽。

之後的兩年裡，艾倫愈來愈嚴格地逼迫自己。「當時我無時無刻都太拼了，」他後來在一次訪談時表示。「我確實在某些比賽中表現得不錯，因為那樣的訓練也有某種健身的效果。但長期下來，我筋疲力竭，還受了一些小傷，必須休息一段時間。幾乎每次參賽後，我都會生一場病。」[1]

艾倫後來遇到一位名叫菲爾‧馬菲通（Phil Maffetone）的教練，他有不一樣的訓練哲學。馬菲通建議，應該以具挑戰性但又能夠維持得下去的速度做訓練，也就是眾所周知的「最大有氧心跳率」。很多複雜的方法可以測定一個人的最大有氧心跳率，像是呼出氣體分析，或是測量血乳酸濃度，但都需要昂貴的儀器與解析。馬菲通開發了一套方法，可以用年齡、體能條件、經驗以及醫療狀況等簡單變數，估算最大

有氧心跳率的適當近似值。

在這些指導方針下，艾倫認定，自己的目標心跳率應該是在每分鐘155下左右。要維持這樣的心跳率，他就必須放慢跑步速度。後來他從一哩跑5分30秒，放慢到一哩8分45秒，足足慢了三分鐘以上。他覺得很難為情，也很好奇，這樣的訓練是否會奏效。但他反而覺得自己變強壯了。他並沒有再視下次訓練為畏途，反倒是開始享受起訓練：

> 大概有三年的時間，我的速度一直變快，直到我的最大速度開始慢下來。到達某個時點後，速度就沒辦法再更快了。在大約三年後，那一季結束時，我已經可以在每分鐘155下的心跳率之下，以5分30秒至5分45秒跑完一哩……真正改變的是這一哩與下一哩之間的速度落差，我的落差愈變愈小。第一哩的速度可能是跑5分30秒，第二哩是5分45秒，再來是6分0秒，6分10秒，就像是這樣。訓練時間一久，哩與哩之間的落差變得很小，我跑個兩哩三哩四哩，時間可能總共只差十秒而已。所以一開始的速度是每哩5分30秒，第三哩時還是能維持在5分35秒至5分40秒。體能有很多層次，一種是速度可以很快，另一種是能夠長時間維持速度。[2]

　　艾倫訓練了自己的身心，以因應每到三小時左右，生理狀態就無法維持的障礙。接著是克服六小時的障礙。每當他的表現持平，沒辦法再上去時，他會運用很多種技術，把成績往下一個階段拉。包括速度、力量、耐力的訓練，改善營養、壓力管理，以及遵循睡眠指引等等。這些方法都成為帶領他持續進步的整合式系統的一部分。

　　在他第一次參加鐵人比賽卻未能完賽的七年後，艾倫在1989年的鐵人三項世界錦標賽中，在一場和戴夫・史考特（Dave Scott）的史詩級對決裡，贏得冠軍。從1988年到1990年，艾倫連續贏得21場鐵人比賽。到1995年，他已經贏了六次的鐵人三項世界錦標賽。《三鐵選手》（*Triathlete*）雜誌也六度封他為「年度三鐵選手」[3]。在一項ESPN的票選中，他獲選為「史上耐力最佳運動員」。

　　他從一個救生員，可以變成擁有那麼崇高的地位，這件事為人類的所有轉型活動帶來了很大的啟發，包括打造敏捷的企業體系在內。那些正著手於轉型為敏捷企業的組織，就像是正在自我訓練的三鐵選手一樣。轉型敏捷企業是個很遠大的計畫，也一樣有「最佳速度」的存在。計畫可能得花上好幾年的時間才能實現，但一旦轉型成功，就可能做到其他企業甚至連想都沒想過的事情。

還不只如此。我們會在本章的稍後看到，轉型為敏捷企業的挑戰，和三鐵選手的訓練，頗有能夠相比擬之處。同樣的，企業若想知道要發展敏捷到什麼地步，以及要用多快的速度發展時，也勢必要經歷和三鐵選手的訓練相似的那些路途。

各種挑戰

就像最佳心跳率之於運動員一樣，對每家企業，以及每家企業的每個活動來說，也都有其最佳的變革水準。理想中，敏捷的企業體系，應該會在介於變革不足（change deficiency）與變革過度（change excess）之間的中庸區間裡運作。變革不足會導致企業體系停滯，因為調整得太慢而無法存活；變革過度則會造成企業體系的混亂，經常都有逸出控制範圍的風險。當公司在這個甜蜜區間中運作時，敏捷體系帶來的好處，和成本之間的差額會達到最大，為企業創造出最高的淨值（敏捷的好處與成本之間的差額），參見圖表3-1。

圖表3-1

敏捷的中庸區間

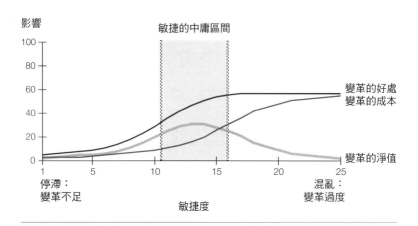

變革不足

在這兩個極端裡，停滯的企業體系對於大多數的大企業來說，威脅是比較大的。變革不足比較常在大企業發生，影響也比較是毀滅性的。官僚體制會讓創新的速度變得遲緩，牛步的既有企業，只能眼睜睜看著與現有做法相左的創新企業，迅速從自己身邊超車，揚長而去。要想找到足以追上這些創新企業的勇氣與財源，是愈來愈不可能了。所以你會看到，標普500企業的平均存活年數，已經從1950年代的60年，狂掉到現在的不到20年。一些專家預估，2027年時還

可能再掉到12年[4]。一度活力十足的企業，變得一蹶不振的鬼故事——像是伊士曼柯達（Eastman Kodak）、拍立得（Polariod）、百視達（Blockbuster）、玩具反斗城（Toys "R" Us），以及全錄（Xerox）等等，逼得大家都很害怕由於破壞式創新的出現，公司就一命嗚呼了。

變革過度

　　另一個極端，也就是混亂的企業體系，也同樣危險，但比較常見於小型新創公司，而非大企業。一份以3,200家高成長科技公司為對象的研究顯示，行動迅速的新創公司，失敗的主要原因在於太過急於擴大規模——在基本商業概念得到適切的驗證、打造出可重複執行而穩定的作業體系之前，就成長太快。數據顯示，新創企業驗證市場所需要的時間，兩三倍於多數創辦人自己的預估[5]。

　　當然，規模大的企業也會為混亂體系所苦。優步（Uber）就是一個例子。該公司極其創新，但早年卻深受作業標準太鬆散所苦，當時的商業媒體還曾經廣為報導[6]。這樣的缺點造成的是：未經許可就擅自測試自駕車、刊載不實的徵司機廣告、遭指控哄抬價格、遭申訴性騷擾、遭主要競爭對手控訴使用假叫車又取消的不道德手段，還有侵犯個人隱私。同

樣的，特斯拉（Tesla）足智多謀的執行長伊隆‧馬斯克（Elon Musk）承認，自己的衝動天性、任性的推特文，以及缺乏經營經驗，時常造成公司的混亂。他為特斯拉的Model 3電動車設定量產期限與價格目標時，看似不可能做到，事實上也真的做不到。經營上的諸多問題，曾經讓特斯拉瀕臨破產邊緣。馬斯克在CBS的《60分鐘》（60 Minutes）節目中表示，「唔，我的意思是，守時不是我的強項。我覺得，呃，唔，大家既然已經看到我在其他車款上有所延遲，為什麼還會覺得，我會突然準時推出這個車款呢？」[7]

要想找出甜蜜區間，需要能預估提升敏捷度的效益與成本。敏捷可以創造非凡效益，但不能不求取平衡，付出的代價也應該量化出來。即使只是粗略估算效益與成本，都有助於針對冒了多少風險、敏捷的轉型該走多遠，以及應該以怎樣的速度推動等等，建立切合實際的期待。

代表性的效益基本上有以下這些：

- **更多的營收成長**來自於更快推出新產品、服務的改善、更強的訂價能力（歸功於更高的創新水準）、開展新事業、增加新顧客、留住更多既有顧客，以及更高的顧客生涯價值（customer lifetime value）

- **更低的成本**來自於更有效能的創新、需提列的呆滯存貨跌價變少、吸引與留住優質人才的能力變好、員工流動率變低、員工士氣與生產力上升，以及無生產性活動的移除

- **更少的資產**來自於在製品變少，以及存貨水準降低

不同公司的潛在成本可能落差很大，但以下任何一項成本，你都可能會碰到，所以你會想要估算它們的效應有多大：

- **轉型成本**，包括必須投資新技術、訓練與教練成本；因為人力重整以及必須學習新工作方法與扮演新角色，所導致的生產力下滑

- **效率成本**，像是產能利用率變差（為了加快反應時間）、規模經濟的縮小、工作重複派任、某些部門因為一致性降低而增加的成本，以及更多實驗行為帶來的成本

- **風險變高**，像是人員因為技能與能力較差，見識不足所以犯錯風險增加，以及預測的變異增大的風險

- **組織成本**，包括在團隊間協調互依性造成的成本、重新配置團隊的成本、人員因為和敏捷手法不契合而造成流動率變高的風險，以及任務指派與矩陣的回報結

構因為比過去頻繁的變動而造成的成本

坦然面對這些推動敏捷的代價，有助於建立切合現實的預期。這也是我們之所以要一再強調「平衡」與「代價」的原因，因為有太多的敏捷大老，一個比一個還瘋狂，提出愈來愈激進與魯莽的建議。

我給個訣竅：在你踏上敏捷的旅途之前，先上網搜尋一些專有名詞，像是「敏捷沒有用」（agile doesn't work），你會看到有4,000多萬個搜尋結果（這數字並不是我們辦的）。標題會像是「為什麼敏捷沒有用？」、「回頭去用瀑布法」、「為什麼敏捷，特別是Scrum，會這麼糟糕？」，以及「為什麼大家會放棄敏捷？」等等。這年頭，任何人都不該相信自己在網上看到的每一件事（或者該說「任何事」）。但你至少該點進去看看其中的一些批判，看看一再重複出現的議題，並為可能出現的質疑做好準備。

把變革程度控制在敏捷的中庸區間裡，以避免變革不足或變革過度，似乎是個明智甚至簡單的想法。但請注意，任何兩家公司的中庸區間不會完全相同。正確的平衡點會因為產業的不同、公司的不同，以及公司內部活動的不同而改變（參見圖表3-2）。不只如此，中庸區間還可能因為時間的過

圖表3-2

在一般條件（上圖）和有利條件（下圖）下實施敏捷的情形

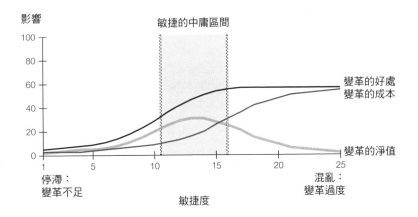

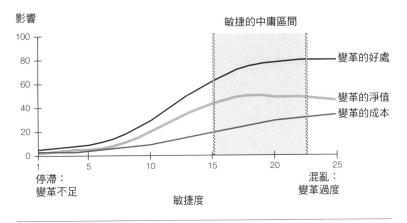

去以及經驗的增長而變化。這也是為什麼打造敏捷企業最常

見的兩條捷徑（照抄另一家公司的做法，以及翻天覆地的、

所有事情同時改變的計畫），很少能達成目的。例如，所有事情同時改變的敏捷轉型，就必須要猜測中庸區間在哪裡。但企業畢竟是一個以隨機而無法預測的方式運作的複雜體系，在模糊而不確定的條件下，預測通常是會失敗的。總之，我們人類就是沒有自己想像的那麼擅長預測就對了。丹・洛瓦羅（Dan Lovallo）與丹尼爾・康納曼（Daniel Kahneman）對於他們所提的「計畫謬誤」（planning fallacy）一詞，是如此描述的：人們傾向於高估自己的能耐，誇大自己形塑未來的能力，但是在擬定計畫時，卻又會低估所需要的時間、成本與面對的風險[8]。菲爾・泰特洛克（Phil Tetlock）任教於美國賓州大學華頓商學院，也是《超級預測：洞悉思考的藝術與科學，在不確定的世界預見未來優勢》（*Superforecasting: The Art and Science of Prediction*）一書的共同作者，他建議我們可以假定自己的預測只有50%的準確度，就像我們在擲硬幣猜哪一面會向上一樣，這麼做會是一個不錯的出發點[9]。

用翻天覆地式的組織結構重整來實施敏捷或許很「潮」，卻往往會困難重重，原因就在這裡。領導者可能會逼迫每個人都加入敏捷小隊或部落；可能會在需要專業的位子上，安排一些很有敏捷的態度，卻缺乏經驗的人；他們可能會試圖

減少兩三成的員工人數——特別是在支援與控制單位。但中庸區間依然難以捉摸。現在研究者們已經研究過這樣的敏捷計畫達五年以上，雖然採用此法的公司通常會加設數百到數千個敏捷團隊，並減少官僚體制的成本，但其整體企業的敏捷度與成果，還是很少會獲得改善。

通往成功的路徑

如果拷貝和猜測的方法都沒用，那什麼方法才有用？公司要如何找到自己的中庸區間，乃至於正確的敏捷水準與正確的變革速率？現在回過頭去看馬克・艾倫的例子。他釐清了自己的目標，贏得了鐵人三項世界錦標賽。他發展出用於追蹤自己訓練進展的關鍵指標，用這些指標去找出最重要的限制條件，也經常為了突破障礙、跳脫高原期而調整自己的計畫。他因而得以創造出一套整合性的體系，幫助自己找到適切的速度。接著就來看看，在一個企業組織裡，這些元素是怎麼呈現的。

決定自己的目標

艾倫當時並不想再為了贏得更多救生員比賽，為了減

重，或是為了贏得健美比賽而塑身。他想要的是贏得鐵人三項世界錦標賽。企業訂定的敏捷目標，也要像這樣明確才行。沒有任何企業，應該為了敏捷而敏捷。敏捷只是一種通往終點的手段，至於終點是什麼，每家公司可能就不盡相同了。一個組織愈是能夠緊密地圍繞著明確而共享的目標齊一心志，就愈容易信任各團隊會自主地去做對的事情，不用組織逐一去做微管理。這是因為，組織的每一個人都對於計畫背後的宗旨有所承諾，也都能夠有效率地在出乎意料的情境下自我調整。

一個公司的宗旨，要怎麼把它表達出來，是極其重要的。眼鏡業者瓦爾比派克（Warby Parker）的宗旨是這麼說的：「以革命性的價格提供設計師眼鏡，還要當一個帶頭引領其他企業培養社會意識的企業。」[10]瓦爾比派克的員工，擁有相當程度的自由，因為公司的目標太容易理解了。反觀邦諾書店（Barnes & Noble），用下面這樣的方式陳述自己的宗旨已經很多年了：

> 我們的使命是，無論我們賣的是什麼產品，都要經營一家最出色的專賣零售公司。由於我們賣的是書，我們的抱負，也應該要符合我們書架上陳列的那些書籍所給的承諾與理想。如果我們說，我們的使命和我們所銷售的

產品是不相干的兩件事，那是在貶低書店業者的重要性與獨特性。

身為書店業者，我們決心要成為業界裡的一流，不管我們的競爭者屬於什麼規模、什麼體系，或是行事的傾向如何。這個產業在風格與方法上有一些與眾不同的細部差異，在這其中，只要是和我們不斷進化中的抱負相契合，我們都會持續應用到賣書上。

最重要的是，我們期盼能夠在自己所服務的社區裡成為榮耀，成為顧客心中很有價值的資源，成為一個讓我們那些盡責的店員，都能成長與發達的地方。為此，我們不但會傾聽顧客與店員的心聲，也會擁抱「公司是為他們所用而存在」的思維[11]。

以上這段聲明不管看幾次，都不會變得比較好理解。你能想像這家公司裡的敏捷團隊，必須靠自己孤軍奮戰來落實這樣的宗旨嗎？

順便一提，有些宗旨打從一開始就是很糟糕的點子：想要成為當紅管理哲學的一份子。既減少員工人數，又沒有做好企業流程創新的配套工作，然後再指責「就是敏捷造成裁員」。與其為了錯誤的原因推動敏捷，還不如一開始就別推動敏捷。

學習評估敏捷度

　　最近，有很多企業高階主管，都希望自己的公司能夠更敏捷些。在他們當中，有人建立了試行計畫予以嘗試。但在我們的經驗裡，他們很少有人知道如何準確地評估自己實施敏捷到什麼地步了，或者說不知道該如何追蹤實施的進展程度。他們也不清楚該如何變革，或者要變革到什麼程度，才能改善組織的敏捷度。有的決定要去計算目前正在運作的敏捷團隊的數量，有的則告訴我，他們公司有多少人接受過敏捷這門技術的訓練。只有很少人會去評估敏捷對於現金流量與股東價值的影響（當然，有些敏捷的狂熱支持者，甚至於連去估算股東價值這件事都會予以譴責，這很荒謬。就算股東價值不是唯一重要的，也不代表它完全不重要）。

　　這裡的問題很容易陳述：並沒有那種任何公司都能拿來用的簡便指標，可以用來評估公司目前的敏捷度，或是在前往更高敏捷度的路途中，得知自己目前的進度到哪裡。企業反倒應該發展自製的指標，以測試敏捷體系中主要元素之間的關係，包括輸入、活動、產出、結果，以及宗旨（參見圖表3-3）。這才是實施敏捷的過程中該有的做法。所以就讓我們先從認識這些元素著手吧：

圖表 3-3

企業敏捷度的五大類指標

輸入	活動	產出	結果	宗旨
可用於創造成果的資源	用於產生成果的行為與流程	活動的產物；活動表現出來的直接而立即的結果	變革與效益；由活動與產出所帶來	活動、產出與結果長期累積下來的成效
• 配置適當數量的合格敏捷專家 • 充足的敏捷訓練與教練技巧 • 組織結構、文化、與技術基礎架構，協助發揮敏捷的實務做法 • 有助於促成實施敏捷的機構	• 高階領導者以敏捷風範行事，信任並授權員工做事、執著於顧客 • 團隊擁抱敏捷價值並有效率地拓展 • 作業單位與敏捷團隊合作良好 • 管理體系支持敏捷價值與實務做法	• 品質更好的產品與服務 • 決策速度與上市時間變快 • 團隊生產力與士氣提升 • 更多可以維持下去的工作量	• 市占率與營收成長改善 • 股東價值提升 • 生產力提升 • 顧客的支持與變消費行為變得更好 • 員工參與變多	• 在朝著實現公司使命與抱負而邁進的路上，可測量的目的進度

資料來源：Adapted from the W. K. Kellogg Foundation Logic Model Development Guide, https://wkkf.issuelab.org/resource/logic-model-development-guide.html（編按：2022 年 11 月 4 日點閱）

- 宗旨（purpose）是指敏捷企業的最終使命與抱負，是敏捷的企業體系長期累積下來的成效，像是瓦爾比派克想要帶頭引領其他企業培養社會意識的抱負就是。

- 結果（outcome）是指敏捷的活動與產出所帶來的短期改變與效益，基本上是一到三年的事，包括市占率、營收、股東價值、獲利性、顧客的購買行為，以及團隊生產力等層面的改變。

- 產出（output）是指工作帶來的直接而立即的結果。不同敏捷專案的共通產出實例包括有：產品與服務的品質提升、決策速度加快、開發周期與上市時間變短、團隊生產力與士氣提升等等。公司內部那些沒有實施敏捷的單位，依然會擁抱敏捷的價值，加速變革嗎？營運模式會強化敏捷度，而非破壞它嗎？整個體系是否合作得更有效率？你無法把產出拿去銀行存起來，但你可能運用產出來判斷，敏捷活動是否創造出一些應該會導向正面結果的產物。

- 活動（activity）是指用於生成產出的行為與流程，包括高階主管、敏捷團隊、作業單位以及支援與控制的行為在內。高階領導者是否在他們自己的工作中運用

敏捷的方法？他們是否信任別人，授權別人做事？他們是否打造出一個執著地聚焦於顧客，能夠迅速因應顧客多變需求的文化？最有才能與最創新的人才，是否服務於敏捷團隊？這些團隊是否恪遵敏捷的價值、原則與實務做法？所有應該設置敏捷團隊之處，是否都已設置？規劃、預算編製與資源分配的流程，是否執行得夠頻繁、夠有彈性，足以迅速把資源移轉到公司裡優先順位最高的地方？

- **輸入**（input）是指可用來協助打造成果的資源，包括財務資源、敏捷專家的質與量、組織結構、軟體工具，以及技術基礎架構。公司對於各種敏捷模型，有多少程度的經驗？領導者有何思維與文化規範？公司有何技術能力？產業狀況是另一個關鍵輸入：動盪性特別高的產業，像是科技、醫療產品與零售，會比基礎材料或公部門等產業需要更多的調適性創新。策略上的優先順位也很重要。例如，策略如果聚焦於成本領導與規模，所需要的敏捷度，會比聚焦於創新來得低。

以上這些元素全部湊在一起，就構成了敏捷的企業體

系。把敏捷做對意味著要技巧性地結合這些元素，以期能夠永遠追求公司的宗旨，即使公司處在一個變動而無可預測的環境中。至於想要評估公司的敏捷活動推動得怎麼樣，就有賴於針對這些層面分別開發評估用的指標。

我們知道，講這麼多或許聽起來會有點複雜。事實上，這只是針對目前存在的複雜性，予以組織、視覺化，再幫助你處理的一種方法，讓你可以抓住要領。要改善成果，你就必須了解，成果來自於哪裡，然後再去改善創造出成果的流程。訣竅就在於，在分析動態體系的時候，要學會只分析到恰到好處的程度就好，這樣既可以分析出一些有用的資訊，資訊又不至於多到難以消化──簡單講也是要求取平衡，一樣是靠最小可行解決方案。

我舉個應該會有幫助的例子。假設你的一個零售客戶，對於他們組織裡日益增加的敏捷團隊以及相對應的營收成長感到很興奮好了。但是當該組織的人員，從各種因素的角度分析過到底發生什麼事之後，有了一些意外的發現。營收（是一個重要的結果）之所以成長，是因為產業的成長在加快。但公司在產業的成長中所占的比率（是另一個更加重要的結果）卻是在下滑的。現存核心顧客，都和以前一樣忠誠，只是公司未能成功吸引龐大而又成長迅速的次世代消費

者。傳統形態的行銷與商品推銷手法，未能讓這些消費者印
象深刻。他們想要的是更快速、更可靠的線上送貨服務。他
們想要的店內購物體驗，必須要比較聚焦於解決方案上（像
是更天然的護膚方式〔產出〕），而非品牌上。公司原本就有
一個敏捷供應鏈團隊，但是它專注在提升傳統倉儲物流的效
率，而不是同時改善成本和速度，例如給消費者更好的服
務，讓他們可以線上購買，之後到店取貨（活動）。也沒有
敏捷團隊是負責採購對的品牌、發展對的店面陳列方式、或
者為消費者提供最佳的服務體驗（更多的活動）。更糟的
是，這些敏捷團隊當中，並沒有成員能夠代表、甚至是了解
次世代消費者的需求（輸入）。只要能搞清楚這些因果關
係，敏捷團隊就能抓住重點，去改善輸入、活動、產出、結
果和宗旨。

用敏捷手法決定自己要變得多敏捷

看到這裡，各位應該已經很清楚，為什麼本章的標題
「你想要多敏捷」是個陷阱題了吧？在敏捷的旅途剛開始
時，幾乎不可能去預測這個問題的答案。任何創新如果靠的
是預測、命令以及控制的手法去推動，都是很危險的。如果

是在設計與發展新的企業體系，尤其如此。但諷刺的是，企業的高階主管們，即使早已預期會有幾百個幾千個遵循敏捷的原則與實務做法的團隊出現，有時候卻還是會出於本能走回頭路，用官僚體制的方式設想、發展與建置新體系。有一句老話（據說出自愛因斯坦，但令人存疑）是這麼說的：「如果一個問題是在和我們相同的思維水準下創造出來的，那麼這個問題就不是我們所能解決的」。雖然如此，真的有太多的企業主管，正是用這樣的方式處理敏捷轉型。他們的錯誤，會以下列這些形式呈現：

- 領導者非但沒有展現出「我有智慧，但也很謙虛」的態度，承認目前用於引領方向的願景，只是一個暫定的原型，會隨著經驗的累積再做調整，反倒是裝作自己對於所有答案早已了然於胸，試圖讓變革的動機最大化。他們會硬要你接受缺乏彈性的組織結構。他們會自斷退路，以擺平任何對投入有所質疑的聲音。

- 高階主管們非但沒有把第一線員工看成是領導團隊最重要的顧客（也就是那些應該要在創新的過程中通力合作，最後還必須讓新體系能夠運作的人），反而是先在祕密的戰情室裡完成策劃，再透過公開的新聞稿

披露變革的內容。

- 領導者非但沒有把最有經驗的員工所提供的意見回饋，看成是改善的寶貴機會，反倒當成是一群固執的抗拒者在吹毛求疵，認定這些人必須予以收拾或開除。

- 專案管理辦公室非但沒有因應變革，反倒是繪製一些複雜的甘特圖，再用明亮的紅色小點，把行事偏離計畫的人標出來。

前述那些指標的價值在於，它們能夠針對真正的限制條件，專注於予以矯正的行動之上。往往會存在著至少一項限制條件，讓敏捷活動難以再進展下去。不過，限制條件的數量，通常會比人們想像的來得少。聚焦於解決不是限制條件的問題，並無法提升效能，時常只是在浪費時間、金錢與心力。這也是為什麼匆忙推動組織再造的效果，往往不如領導者的預期。這麼做通常是在掩蓋其他問題，造成的創傷基本上也會多於帶來的價值。

組織重整最常用來當成委婉表達「大量裁員」。你是否曾經感到好奇，為什麼那麼多公司從分權化跳到集權化，又跳回分權化，每跳一次都要宣布裁員名單以降低成本？什麼

邏輯？或是為什麼有那麼多公司反覆追求其他類型的組織改造，像是從功能別的組織，轉變為產品別的組織，又轉變為矩陣式組織，然後又重新再輪一次？為什麼每次變革都能夠再節省成本？基本上原因就在於，高階團隊先訂好成本刪減目標，再據以設計組織結構以落實這個目標，然後把決定好的結果丟給經營人員去傷腦筋。敏捷轉型最後是有可能導向組織變革，甚至是持續的變革。但組織的結構幾乎從來不會是主要的限制條件，企業也很少必須（或獲益於）立即的大規模裁員。

敏捷本身提供了太多方式，可以在創造更多價值又耗費更少成本的情況下，促進敏捷轉型。專注於解決真正的瓶頸。讓領導團隊以敏捷團隊的方式行事。找出大家共通的抱負。還不夠嗎？把顧客不想要，團隊也無法提供的活動停掉。把效率差的創新團隊換成敏捷團隊。還是不夠嗎？改用較簡單的流程與較短的間隔來處理規劃與預算編製的工作。讓支援與控制部門專注於改變其事業流程上，以更加滿足內部顧客。如果體系依然未平衡，就針對績效提出更普遍的意見回饋。如果這些較簡單的解決方案就能奏效，你就可以繼續追求改善，避免或是暫時不用去執行那些成本最高、痛楚最大的解決方案。

　　諸如此類的變革手段，基本上都會進入領導團隊的待辦清單。領導團隊正在發展高度創新的敏捷新團隊，這些則是最後會結合起來讓這個體系運轉的特點。和任何其他敏捷團隊一樣，領導團隊要決定優先順位與執行順序，還要協調不同活動之間的相依性，力求在最低的成本下創造最大的價值。團隊成員們以多專業團隊的形態運作，建立體系，衝破阻礙，並在出現出乎意料的結果時改弦易轍。我們把這過程視為是一個技巧熟練的混音工程師，他既是藝術家，也是科學家。當高音太刺耳又很難改變的時候，就藉由調高低音來緩和。不做必要以上的過多改變，因為那會創造出新的問題，會需要另外再處理，處理完之後又需要再做額外的新處理（參見圖表3-4；定義的部分請參考附錄B）。

　　所有這些手段，只要用對問題，用對順序，用對方法，都可以是很有價值的。我們沒辦法在這本書裡逐一介紹其詳細內容，但我們會在後面第四到第八章中，討論其中幾個最受歡迎的變革管理技巧。

　　在敏捷宣言問世的將近二十年前，年紀輕輕的馬克・艾倫，已經自己摸索出敏捷宣言的原則與實務做法了。他的目標是要贏得鐵人三項世界錦標賽，但為了達成該目標，他必須要擊中移動的標靶。1978年，該錦標賽的第一個冠軍得

160

圖表 3-4

為敏捷企業的營運模式求取平衡

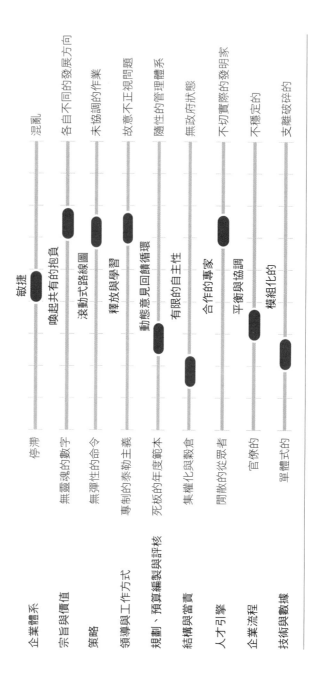

	停滯	敏捷	混亂
企業體系			
宗旨與價值	無靈魂的數字	喚起共有的抱負	各自不同的發展方向
策略	無彈性的命令	滾動式路線圖	未協調的作業
領導與工作方式	專制的泰勒主義	釋放與學習	故意不正視問題
規劃、預算編製與評核	死板的年度範本	動態意見回饋循環	隨性的管理體系
結構與當責	集權化與穀倉	有限的自主性	無政府狀態
人才引擎	閒散的從眾者	合作的專家	不切實際的發明家
企業流程	官僚的	平衡與協調	不穩定的
技術與數據	單體式的	模組化的	支離破碎的

主，完賽的時間是11小時46分58秒。到了1982年2月，艾倫試著複製名列前茅的對手們的完賽成果自我訓練時，冠軍的完賽時間變成9小時19分41秒，亞軍則是9小時36分57秒。標竿學習不僅讓他身心極度損耗，還限制了他的潛力。當他在1989年首度贏得該錦標賽冠軍時，他是以8小時9分14秒的成績完成了自己的目標[12]。這足足比先驅選手快了至少3.5小時！艾倫學到的訓練方式是設定有挑戰性但又能夠維持的速度。他很有耐心，而且是看長期。隨著他以最適當的速度練習，他的成績穩定地進步了[13]。

企業的高階主管應該也想不到更好的比擬了。就把自己和組織想成是正在自我訓練的三鐵選手，最大有氧心跳率就是組織能夠維持得下去的變革速度。但用來跳脫高原期持平狀態的，倒不是重量訓練或是營養改善這些方法，而是領導者的行為、文化常規、規劃與預算編製體系、組織結構、人才發展、企業流程，以及技術等等。我們會在接下來的幾章裡探討如何決定優先順位與執行順序，建置這些技巧。

本章五大重點

1. 更多的敏捷未必就是更好的敏捷。對每家公司以及每家公司裡的每個活動來說，敏捷的量都有一個最佳範圍。

2. 要在敏捷轉型剛開始時就預測敏捷實施量的最佳範圍，幾乎是不可能的事。在那個時間點，你既不知道也無從知道自己要發展些什麼，以及該怎麼去發展。有太多變數，都還在隨機地快速變動。在這種外在條件下，官僚式的做法很少能夠成功。你必須把敏捷的企業體系，當成一個永久性的敏捷專案來發展、來執行。要像任何一個敏捷團隊一樣，去測試，去學習，以及持續調整。

3. 有效的敏捷專案會根據實證的意見回饋數據，針對輸入、活動、產出、結果以及宗旨做調整。只有很少的組織擁有足夠數據，可以評估自己目前的敏捷水準如何，或是評估提升敏捷水準的進展程度。

4. 打造敏捷的企業體系，可以帶來哪些潛在的好處與成本？雖然這是很難找出來，也很難予以量化的，但值

得努力去試。評估的結果很可能並不精確，不過無所謂，這樣已經足以回答許多問題了，像是「有多少價值危在旦夕？」、「有多少投進去的時間與財務資源值回票價？」等等。

5. 用敏捷手法管理敏捷轉型。把你和你的組織想成是正在自我訓練的三鐵選手。訂定一個有挑戰性但可維持的速度。要有耐心，要從長期觀點看事情。一旦成績進入持平的高原期，就學著有效運用各種工具與技術，突破阻礙，把成績往下一個層級推進。

第4章

領導敏捷轉型

　　博世電動工具（Bosch Power Tools）是博世這家德國科技巨擘的一個主要部門，在全球逾60國有約兩萬名員工，2018年的營收有46億歐元。2019年接任其執行長的漢可・貝克（Henk Becker），早在2016年就已經展開公司的敏捷轉型。當時他建立了一個直屬自己的六人團隊，負責在轉型的過程中，引領與支持全部門的六個事業單位、銷售組織與總部。

　　三年過後，外來訪客可以在該部門的日常運作中，看到一些顯示出已經徹頭徹尾轉型的跡象。例如，在產業市場負責專業電動工具的事業單位，已經建立了一個分成三個層級的看板流程。產品層級的站立會議（stand-up meeting），把結果上呈給事業負責人層級的站立會議；事業負責人層級的

站立會議，又把結果上呈給事業單位層級的站立會議。丹妮拉·克雷莫（Daniela Kraemer），在電動工具解決方案中擔任輕型鑽鑿的事業負責人，對於自己所參與的會議，是這麼描述的：「我們會在很短的時間裡分享專案所有的更新進度。我們有一面上面有很多便利貼的看板，如果你的部分有更新進度，你就把看板上的項目轉個方向。然後我們會很快往下進行，如果主題比較大需要討論，我們會另外再安排一個會議。」會議人數在八到十人之間，就是一些產品負責人，或是供應鏈與行銷等專業事項的負責人。「一開始大家覺得，哇，開會要花很多時間，」克雷莫說。「但結果是節省了很多時間。」[1]

在事業單位的層級，不同事業單位的領導者會組成一個敏捷領導團隊，並把大多數既有的會議都取消掉。藉此將時程表變成零基後，迫使他們必須採行新的工作方式。事業單位的站立會議，每週二與週四的下午四點舉行。會用一面七公尺長的超大看板，在上面追蹤所有的重要工作。如果一個團隊需要什麼東西，就把看板上的項目轉九十度。領導者們也可以標記某一項目等待討論。會議都會有一位 Scrum 大師負責引導的工作。沒有固定議程，每次會議時間在十五分鐘至三十分鐘之間，任一項目不花費超過三分鐘（但如果某些

與會者需要進一步討論，會議之後的三十分鐘時間是保留自由運用的）。看板上有任何新東西，團隊成員們就列入待辦清單。每三個月會再舉辦一場用於安排各議題優先順位的特別會議。大家都可以看到別人提出的訊息——包括增加了多少的息稅前利潤、有什麼東西要開始推出等等，一切都透明。透明度與它所帶來的校準效果，會從這場會議延續到下一場會議，加快決策速度。

博世電動工具的其他事業單位，也在2018年經歷了敏捷轉型。2019年時，貝克已建立了公司的高階敏捷領導團隊，也安排了一位敏捷大師支援該團隊。這群人定義出實施部門策略的十四項焦點議題，並擴散到全組織，成為關鍵績效指標（KPI）。貝克自己的站立會議是每週一舉行，成員們會廣泛討論全組織的事項，確保優先順位的校準，以及每個人的責任項目。「以前我們討論一些議題的時候，並不一定清楚怎樣才能確保和策略方向吻合，」貝克說。「以前我們常打亂各團隊的衝刺期，但現在對於衝刺期之間的校準，我們已經有明確定義好的做法，所以可以確保沒有人的衝刺期會干擾到別人的。」[2]

貝克也改變了策略流程，變得更具有參與性；把企業家（entrepreneurial）責任交給各團隊承擔，就意味著有更多人

必須要討論策略與商業議題。電動工具部門基本上每年有兩場大型管理會議。之前，會議會有20位領導者參與，但現在擴增為有120位參與。在2019年春季的會議中，貝克把第一天議程用來討論領導與建立軟技能，第二天則討論策略議題。根據各方的說法，該部門有55位事業負責人，對於擴增與會人員範圍的做法，給予高度好評，這些人全都是首度參與此一會議。

企業的領導，從來就不是件容易的事。無論你是公司的執行長，還是只是指揮體系中較低階層的一個經理人，都是如此。

早年，在大概距今一個世紀以前，領導者們至少都很清楚該做些什麼事。他們要找人來把必須完成的工作做好，要告訴這些人該做些什麼，還要確保這些人確實照著教給他們的東西精確地做好工作。科學管理之父佛德烈‧泰勒（Frederick W. Taylor）的科學管理，就明文寫到這樣的做法。工業工程師們仔細地擬定有效率的工作流程，各單位的主管再據以確保工作都能完成。當然，隨時間過去，很多狀況都已經不同。許多工作都變複雜了，很多工作者都有自己的技能與意見，未必有足夠的心理準備接受上頭的指示。道

格拉斯・麥葛瑞格（Douglas McGregor）提出了知名的「Y理論」（Theory Y），有別於舊時主張「一五一十都教給員工」的「X理論」（Theory X），認為面對當下的新工作環境，應該要有不同類型的管理風格，才會比較合適。聽員工講就好，不用教他們。要信任他們，相信他們。要鼓勵他們負起責任。[3]

　　不過，雖然商學院與企業文化時常會對 Y 理論讚譽有加，高階主管與管理者們，時常還是會仰賴他們覺得比較親切、比較平和的 X 理論。他們可能不會吆喝或是指使員工做這做那，但決策是由誰來做，倒是毋庸置疑的。就由當主管的決定，有什麼不可以的？畢竟，若能達成那些難以交差了事的指標，他們是可以升官發財的。主管們必須達成銷售目標、成本目標，或是預算目標。他們必須預測會發生什麼事，並妥善因應。所有的執行長，以及衍生的董事會成員與股東們——都不想聽到藉口，他們要看你的成果。所以，領導者們會跳進工作裡，捲起袖子，具體告訴他們的部屬該怎麼做。然後，有必要的話，他們還會自己做。就像國外那種舊式工廠一樣，他們很清楚，自己的任務就是要確保工作都做好了。

　　但人們也一直在提醒我們，時間改變的事情還不只這

樣。近年來，管理者們已經愈來愈難維持這種管理風格了。可預測性？忘了它吧。這個世界變動得太快，到處都有新競爭者在冒出來，技術一直在進化，每每快得教人難以安心。前途光明的管理者，與年輕的功能專才們所希望得到的，似乎不是一家公司——或說任何公司——所能給得起的。他們想要有成長的機會，想要更多薪酬，想要工作與生活之間的平衡。過去在 1990 年代至 2000 年代做事做得很成功的那些人——這也是為什麼他們會晉升到職責更大的領導職務的原因——現在會發現自己無所適從。難怪有很多這樣的人會覺得，自己愈做愈拼，得到的報酬卻變得更少。也難怪他們不時會有一股揮之不去的疑惑，覺得自己做什麼都不對。

貝克在博世的電動工具部，很早就產生這種疑慮。他一拿到機械工程學位，從學校畢業後，就進了博世。一開始他是在汽車部門，在那幾年的時間裡，他藉著建立自己在技術上的技能與能力往上爬。回顧當時，成功意味著要盡可能成為最出色的部門領導者，引領別人做該做的事。他扮演這類角色有 12 年的時間，並在 2013 年加入電動工具部的執行董事會。一開始他專門負責工程與品質方面的事務，後來又多負責製造方面，最後在 2019 年成了部門的執行長。

但據他自己表示，電動工具部有某些事和其他部門不

同。有幾個勇氣十足的主管，開始給他一些意見回饋，是他以前從來沒聽過的。那些人告訴他，他的領導風格沒辦法幫助他成功，也沒辦法幫忙引出別人的最大能力，也沒辦法幫電動工具部在市場中致勝。他們告訴貝克，自己希望接受什麼樣的不同方式領導，還連具體實例都提供給他了。那時的經驗，他表示，「讓我的腦子和心突然明白了什麼。」他決定改變自己的態度與行為，所以他展開了一個自省與建立認知的流程。他要求人家給他更多的意見回饋。一開始他下面的團隊們都很狐疑，這只是他一時覺得有趣，還是他是講真的？慢慢的，他得以建立起信任，也讓愈來愈多的人給他意見回饋。

後來貝克把焦點轉向員工與組織的潛力和能力。他說，他試著不要去看缺點的部分，然後一開口用的是正面的言詞。他會先問，「我們如何可以做到？」而非查探為什麼某些事情做不好。他把焦點放在聆聽與雙向溝通上，而非只單方面給予指示。為了強化他的承諾，他放棄了自己的辦公室與停車位，也不再要別人帶著簡報資料來找他，反倒是開始主動前往各個團隊，直接瀏覽他們已經在運用的資訊。這很花時間，他說道。但他成了一個與眾不同的領導者——成功推動敏捷轉型的那種領導者。

著眼點：重新形塑「崇高的使命」，也就是領導者增加價值的方式

在我們碰過的所有高階主管與管理者當中，幾乎所有人都是那種很投入於工作，努力幹活的人，就像貝克早年剛進博世時那樣。這些人很嚴肅看待自己的工作，也承諾於協助公司成功。或許他們不是用這樣的字眼，但他們之中有很多人都認為，自己正在執行某種崇高的使命。他們相信，只要具體知道有哪些事必須完成，然後安排人去做，自己就能夠為公司創造很多價值。就他們的理解，自己的角色是在保護員工不要把事情做錯，不要浪費時間，不要搞砸一切。他們的目標是要讓工作盡可能以最高品質完成，還要在可能的最低成本下盡快做好。他們自認為，如果沒有自己的引導，大家做事都會徒勞無功。

每當我們協助一家公司推動敏捷轉型時，我們都會鼓勵該公司的領導者們仔細想想以下的四大原則，也想想這些原則對於領導行為帶來何種意義。這麼做，可以讓他們開始不再去想原本認定的崇高使命，變成去想自己怎樣才能幫忙增加價值。正如貝克的例子顯示的，改變你的領導方式，既需要努力，也需要原則。以下這些原則，就是很好的著眼點。

員工自行從做中學

　　近年，有一種現象叫做直升機父母（又稱割草機父母或鏟雪機父母），我們都看過相關報導。直升機父母很愛他們的孩子，他們想起自己孩提時期的辛苦，希望自己的孩子可以比自己小時候更成功，也更幸福。所以每當孩子碰到什麼困難時，他們就會像直升機一樣，突然飛過來。他們會去找孩子的老師、校長以及教練，希望能移除障礙，讓孩子的成功之路更平順。不好溝通的事由他們來講，有問題就由他們來解決，他們反倒沒有期待孩子自己去面對。一方面，這些父母的想法是無可爭辯的：無論是和教練交談或是寫學校的論文作業，他們毫無疑問都比孩子擅長。但另一方面，這麼做會造成什麼後果，也很容易看出來。孩子無從得知，自己是有能力照顧自己的。他們沒能建立起必要的技能。在最糟的狀況下，每當在路上稍微跌個跤，他們就會跑去找媽咪或爹地哭訴。

　　員工不是小孩，但領導者對待他們的方式，卻經常像是直升機父母對待他們的孩子一樣。他們沒有信心員工會把工作做好，所以給予員工鉅細靡遺的指示。有必要的話，他們會自己把工作拿來做。就像有些直升機父母的孩子一樣，有些員工會採取一種學來的被動性，等著老闆告訴自己要做什

麼。至於那些更有才能與勇氣的員工，也就是那些能夠自己知道要做什麼事、要怎麼做的員工（而且他們時常想得比傳統目標與做法更完備），對於受到詳細的指示，基本上會覺得很嗤之以鼻，有些還可能會求去。Inc. 500是美國最快速成長的私人企業排行榜，塔夫茨大學（Tufts University）的教授阿瑪・拜德（Amar Bhidé）曾針對此排行榜上的企業做過研究[4]，很多成功的企業創辦人都告訴他，曾經試圖在原本的工作上打造獨特的新創事業，但是被阻止了。

在敏捷的環境中，領導者會採用不同的做法。他們可能會告訴團隊，要把焦點放在哪裡，但永遠不會告知怎麼去做。找出怎麼做是團隊成員自己的事，他們就是要負責做實驗，要測試，要學習。什麼產品最可能在市場上成功？訂單輸入的流程可以如何改進，以確保過程又快又準確？要確保不同部門有源源不絕的合格人才，什麼方法最好？諸如此類的問題，通常是不容易找到答案的。領導者基於自己的經驗，對於答案是什麼或許有很強烈的看法，但他們通常也不知道自己的想法對不對。和孩子們一樣，大人要學習，最佳的方法還是試試看不同做法，看看哪一種管用。這也是敏捷團隊的特點。

信任的建立需要時間

領導者與部屬間的信任，是麥葛瑞格的Y理論的基礎前提。麥葛瑞格說，信任的意思是：「我知道你不會故意或不小心，有意或無意地占我便宜。」這代表著「我可以在完全的信任下，把我此時此刻的狀況、我在團體裡的地位與自尊、我們的關係、我的工作，甚至是我的性命，都交到你手裡。」[5] 這是很不容易做到的事。麥葛瑞格所定義的那種信任通常只是參考。如果一個領導者並不確定部屬的想法與技能如何，你要他信任這個部屬，是很困難的。一個部屬如果覺得領導者似乎是以（不計一切代價）希望部屬照著指示完成工作為最優先，要他信任這個領導者，也是很困難的。

敏捷可以提供一種隨著時間建立起信任，或讓人們變得值得信任的方式。請重新思考一下，這方法是怎麼運作的。敏捷團隊從領導者那裡拿到資源，收到任務。團隊成員們把工作拆分為可管理的部分，建立待辦清單，並在（比如說）為期兩星期的衝刺期裡，努力把待辦清單上的事情做完。過一段時間如果有必要，就重新安排優先順位。每兩個星期結束衝刺期時，領導者與團隊都能夠看到完成了哪些事，也從中學到東西。這過程是完全透明的。即使是一個愛冷嘲熱諷的人，都必須承認：不過就是一個團隊，在兩個星期的時間

裡，哪可能給自己惹出多大的麻煩？更別說有他們所服務的
顧客伴隨引領了。領導者如果覺得團隊成員走偏了方向，可
以問一個問題，用更有建設性的指示方式，迅速把他們拉回
正軌：我們的關鍵假設是什麼，要如何予以測試？能否在信
任之下以這種方式領導，有賴於領導者的自我克制，尤其是
在高壓的情形下，畢竟人的控制本能就是會在這個時候趁虛
而入。但時間一久，會愈來愈容易做到。

　　簡單講，職場的信任，並不是用理論去推斷它存在與
否。人們必須透過合作創造成效，才能建立彼此的信任。敏
捷團隊的成員承接新任務與承擔責任，是為了創造成果。他
們就是藉此來讓別人覺得自己值得信任。

去做只有你能做的事，這樣大家都會過得更好

　　1817年，英國經濟學家大衛・李嘉圖（David Ricardo）
出版了一本書，書名叫《政治經濟學與賦稅原理》（*On the
Principles of Political Economy and Taxation*）[6]。這本書提出
了一項後來的經濟系大一新生都要學的，足以解釋國際貿易
有什麼好處的理論。李嘉圖認為，基本上，一個國家是可以
自己決定，所有東西它都要自行生產，不要和別人用貿易的
方式交換。但如果這個國家專注於生產該國最擅長生產的東

西,再把它拿來和其他國家所生產的最擅長生產的東西做交換,國民的生活會更好。兩國彼此都擁有相較於對方的比較優勢(comparative advantage)存在。

現在用這樣的邏輯來看管理的情境。有時候,管理者憑藉著他的技能與經驗,幾乎可以說做起任何事來,都會比自己的直屬部下做得好。貝克在博世內部可能曾經是最優秀的工程師、最優秀的產品設計師,或是最優秀的評估人員,能夠最精準評斷出產品的什麼功能最能吸引顧客。但如果他把他所有的時間都用來做這些事,他就得付出極其昂貴的機會成本:他將無法把時間用來做唯獨他才能做的事情。他將無法探索新市場或評估潛在的購併機會,反而是搶了員工們該做的事,使得每個人都變得不好過。

顧客自己才是顧客需求的最佳評判員

從執行長以降,確實有許多的高階領導者相信,自己對於顧客需求有確切的掌握。最優秀的那一些,當然會花時間和顧客溝通,所以他們至少握有一些線索,可以做為評判產品是否符合顧客需求的基礎。不過,就算是經驗豐富或是直覺神準,任何人都還是很難得知,顧客對於產品的任何特定的特色,會出現什麼樣的反應。高階領導者也很難得知,仰

賴資訊、人資、財務、倉儲等部門提供服務的內部顧客，可能會希望得到什麼不同的服務，以及對於創新可能會有什麼看法。

敏捷團隊認為，顧客需求的最佳評判員，就是顧客自己。所以敏捷團隊會先發展「最小可行產品」——藉以取得顧客反應，並據以修改產品。負責針對公司內部流程推動創新的敏捷團隊，基本上會找來那些到時候會實際用到這些創新成果的人來加入團隊，這樣就能在一開始，就在團隊裡獲得顧客的意見回饋了。團隊裡的顧客代表，可以和自己原本部門的同事討論，持續把意見回饋帶回來給團隊，像是什麼功能看起來不錯、什麼功能的效果不如預期，等等。

目標：不同類型的崇高使命（以及領導團隊以不同的方式增加價值）

敏捷領導者如果仔細去思考我們前面剛提到的這些事，也據以像貝克那樣調整了自己的做法，很可能會發現，自己已經和以往有很大的不同了。這些領導者毫無疑問還是會和原本一樣投入，一樣努力工作，但他們的角色，可能已經有了大幅的轉變，也可能已經對自己如何才能為組織帶來價

值，有了很不一樣的認知。當管理團隊裡的領導階層有了這樣的新思維，他們就有能力進一步重新定義自己的崇高使命。

一方面，他們可以不用再去管自己原本負責的事業。稍微想一下這件事，大多數的高階領導者，原本都把他們的時間花在解決部門的問題、控管部門的預算等事項上。但如果現在整個組織裡分布了十來個、幾十個、甚至上百個敏捷團隊，每個團隊都必須負責推動足以創造新機會、改善效能、解決問題的創新呢？這些領導者將不再需要去做原本自己在做的事，因為會有人去承接那部分的責任。他們反而可以多發揮自己的比較優勢，也就是把時間拿來構思大方向、做策略上的決策，以及分配資源。

當然，他們沒辦法獨自一個人做這些事。所以實施敏捷轉型的公司，基本上都會在組織高層，把執行委員會改組為敏捷領導團隊。在組織裡比較低的階層，他們也是一樣這麼做。因此，經過重新定義的，不光只是領導者的時間用在哪裡，也包括他們之間如何合作。

現在，大多數公司的執行委員會，都還只是由各部門的代表所組成。事業單位與功能部門的第一把交椅，代表自己的穀倉加入委員會，把部門完成了什麼事報告出來，也為部

門爭取利益。他們在委員會所做的決策，可能會是有利於自己部門的預算，可能會是保護自己部門的人才，或是為部門尋求進一步實現抱負的空間。執行長或總經理，則負責評估各穀倉的利益與它們之間的取捨，據以打造一套整體性的策略，力求提升公司的整體利益。

但是當執行委員會持續扮演敏捷領導團隊的角色時，會發生什麼事？會這麼做，就代表著要運作敏捷團隊，服務外部與內部顧客。既然在同一個人身上，很少會同時具備經營技能與創新技能，因此敏捷團隊只能利用群體的力量，組成一個由決策者們構成的團隊，專注於追求更為整體的利益，而非某一群個體的利益。他們還是會針對公司的經營做一些評估的工作，但重點會放在學習、安排優先順位，以及移除障礙上。有時候是由經營專家主導，有時候是由創新專家主導。但雙方必須合作，把公司經營得有效率又能夠信賴，在變革的過程中做必要的調整，並協調所有的相關活動。敏捷領導團隊要負責讓公司在經營與變革之間取得平衡。

在一個優秀的敏捷領導團隊裡，成員們會體認到，要為公司創造出最大的價值，靠的不是增加預測、命令與控制的次數，靠的是促使數萬名員工把他們的未開發潛力發揮出來。他們可以很自在地把可測試的決策委派給最靠近第一線

的員工去測試，並協助做出更多可測試的決策來。他們會協助全組織建立測試與學習的能力。他們會從系統（system）的觀點來思考，為完整的系統先建立小型的最小可行微系統。領導者們可利用這些微系統測試多種不同的變化，以觀察隨著時間的過去，不同變化之間有沒有什麼會危害到公司的交互作用。官僚人士擔心，針對公司的營運模式，測試可能的各種改變，會把他們的底細給暴露出來，也會讓大家擔心受怕；反觀身體力行敏捷的人，則是隨時都在做各種測試，也期盼組織能夠變得習慣於持續自我調整的過程。他們的重點是放在加快周期時間（cycle time），以及讓等候時間最小化，尤其是做決策所需要的時間。在執行決策時，為避免受到階層組織上上下下提出的各種挑戰，他們會把規劃、預算編製以及新產品開發等複雜的流程，打散為更小、更常見的批次工作與意見回饋循環。

　　敏捷領導團隊對於要搞定一個複雜系統的過程中所遭逢的現實，都抱持著高度的敬意。這個團隊會認為，長期預測是沒有用的，也很清楚要轉型為敏捷企業，比較像是在一個下雨的夜晚，在危險的山路上駕駛一樣，而不是大白天在沙漠旁邊的筆直公路上往前急駛。團隊裡的成員都知道，他們想要抵達的目的地在哪裡，但是在車頭燈無法看清之處，他

們會避免答應在特定地點轉彎。他們會一起決定要走多遠、要走多快，以及如何處理路上原本沒有預期到的石塊，並在過程中做必要的調整。

簡單講，敏捷領導團隊會變成一個帶領全組織的策略團隊。所有的成員都努力為公司尋求最佳利益，而不是謀求個人穀倉的利益。他們運用時間的範圍也變了。會比較關注和建立與組織能力相關的長期目標，而非擔憂短期成果。與其只幫助直屬部下提升生產力，還不如幫全組織的數千名員工提升生產力。你原本是個穀倉領導者，現在要成為敏捷領導團隊裡的一員，你該如何轉換自己的思維？如果需要每日遵行的指南，我們常會建議，領導團隊一定要有一份為公司量身訂做的自己版本的敏捷宣言，並承諾遵從它。我們在附錄A提供了代表性的敏捷宣言範例。

領導敏捷轉型

如同附錄A一長串的承諾清單所顯示的，領導敏捷轉型是很辛苦很吃力的工作。敏捷的旅程基本上會從該團隊發展出一個引領大家前行的願景開始，並且用它來和大家溝通敏捷企業的潛在好處。這個願景並不是先關起門來發展好，再

突然當成是刻在石頭上的法令一般，丟給組織去接受，而是應該把執行敏捷活動的那些人，看成是顧客。和所有敏捷團隊一樣，領導者要和顧客合作，共同創造出願景，以及多項可能用於實現願景的策略，而且是百分之百透明的。接著他們會討論通往該願景可以走的各種路線，並找出需要回答哪些關鍵問題，才能找出走哪條路線會最成功。在理想狀況下，他們會展現出「我有智慧，但也很謙虛」的態度。他們會一起發展用於監控輸入、活動、產出、結果與宗旨等因素的指標，再根據關鍵問題的答案，做必要的調整。

　　敏捷轉型是一個恆久的精進流程，而不是一個有完成日期的專案。敏捷轉型並不是花大錢又不務正業，而是經營事業的一種手法。帶領敏捷轉型最棒的方法，就是要基於信任的思維，而非控制的思維。不同於傳統智慧與好萊塢動作片，面對危機時，獨裁式的管理是很沒有效率的。要在作業穩定而可預測的狀況下，指揮者對於作業條件與潛在解決方案的知識多過於部屬，而中央集權式的決策者能夠有效處理尖峰決策量，堅持標準作業程序的重要性高過於因應變革時，指揮與控制體系才最能夠發揮功能。但以上這些條件，在極端狀況時──例如天然災害、恐怖攻擊、重大軍事衝突，或是大規模的企業轉型──都不存在。活動的多變性與

不可預測性太高，不可能下硬性的指示。第一線經驗豐富的作業人員，所擁有的知識與即時資訊，會比遠端的獨裁者或他們的傭兵特工要來得優質。資訊超載麻痺了指揮中心，創造出摧毀性的瓶頸。標準作業流程會失效，是因為就定義來說，這些都屬於偏離標準的狀況。

受到「危機就該靠獨裁者來拯救」這個迷思所惑的管理者，會付出慘痛的代價。他們對於出乎意料的發展不但反應很慢，而且資訊不足（想想卡崔娜颶風〔Hurricane Katrina〕、車諾比〔Chernobyl〕核電廠熔毀的例子就知道了，或許連西爾斯百貨〔Sears〕接連不斷的災難也是）。而第一線員工的嚴重缺乏自信，也會在危機過去很久之後，仍舊阻礙成長。基於這些原因，即便是現代的危機處理團隊，也都正在從指揮與控制式的體系，轉換為更有調適性的敏捷做法。

如果是以傳統手法推動組織的快速轉型，會有來自高層的一個小組，試圖找出公司的所有問題，並做必要的改革。但在敏捷轉型中，則是由數百甚至數千名員工，負責對付問題的根源，同時也學到一些日後可以在職涯中運用的技能。

轉型期間，敏捷領導團隊要在手邊的資訊不如傳統團隊多的狀況下，協助大家更快做決策。為此，敏捷領導團隊基本上會採取五大行動：

1. 藉由溝通的方式，甚至是超出必要程度的溝通，讓更多人了解策略目標所在。既然領導者已經知道，和過去比起來，自己會委派更多的決策給部屬去做，他們會確保這些做決策的人，對於該做什麼以及為什麼要做這件事，都能完全校準到一致。在這樣的前提下，要怎麼去做這件事，就可以很有彈性了，而且一樣是忠於策略。

2. 培養決策人才。在公司想要轉危為安時，人們會害怕犯錯，也因而會把決策丟給老闆去做。但堅強的領導者會扮演起教練與訓練員的角色，以增加決策者的人數，提升決策者的素質。

3. 強化不同團隊間的溝通管道。為避免成為瓶頸，他們會發展出一些工具，讓每個人在任何時候，都看到所有團隊正在做什麼。

4. 加快學習循環，注重進度快而非追求完美。他們能接受不可預測性，但不會為了過度追求完美而放慢速度。有尚可接受的概略值就行。

5. 調整為適用於大型團隊的評鑑標準與獎酬制度。面臨危機時，一個最大的問題是，人們會專注於做一些對自己認識與信任的人，最有好處的事情。這裡指的往

往是那些活在自己穀倉裡的人。有效的轉危為安領導者，會擴大自己的信任圈與合作圈。

當然，敏捷領導團隊有責任去決定敏捷要走多遠，要走多快。為了符合敏捷原則，他們不會預先去做那種鉅細靡遺的規劃。雖然他們提出了願景，但也還不確定會需要多少敏捷團隊，要以多快的速度增加敏捷團隊，以及官僚體制的限制條件要用什麼方式因應最好，才不致於讓組織陷入混亂。所以基本上，他們會先推第一波的敏捷團隊，並針對這些團隊創造的價值與所面臨的限制條件收集數據，再決定是否要採行下一步，以及何時做、怎麼做。這讓他們以權衡提升敏捷性的價值（從財務結果、顧客成果以及員工績效等層面衡量），再比對所耗費的成本（以財務投資與組織挑戰的雙角度評估）。只要利大於弊，領導者就利用這個動能，持續擴大實施敏捷──再部署又一波旳團隊，在組織中比較不那麼敏捷的區塊裡清除限制條件，以及重複這個循環。如果並未利大於弊，他們可以再找尋能夠讓既有的敏捷團隊提升敏捷價值的新方式（例如，針對提升建立原型的能力這件事，移除其組織性障礙），並找尋降低變革成本的新方式（藉由公開敏捷的成功案例，或是雇用有經驗的敏捷熱心支持者）。

　　優秀的敏捷領導團隊，會避免讓官僚體制的人員提出異議，認為在推動急迫的敏捷轉型時，不該像是在獨斷獨行地硬推專案一樣。「現在我們面臨危機，而危機正是該展現決定性甚至獨斷性領導風格的時刻。請展現你們對於敏捷的承諾。我們已經沒有退路了，要破釜沉舟。別讓懷疑論者擋住去路。安排一些有辦法冷血地驅策願景實現的領導者。大家趕快來完成這些會伴隨著痛苦的變革，好讓我們和組織裡的其他人，能夠繼續推動公司走下去。」《星際大戰》的路克天行者（Luke Skywalker）可能會這樣回：「太神奇了！你剛才講的每一個字都是錯的！」

————————

　　在博世電動工具部門，貝克的領導力轉型，為他開啟了採行更好做法的可能性。而該公司的採納敏捷，也給了他一張路線圖。他所發動的轉型，目標在於帶來更多對用戶可能會有價值的創新、更棒的速度與調適力，以及找到合作的新模式。他和他的六人轉型團隊打從一開始就建立了願景，制定了要持續改善的調性。「這肯定不是那種凡事都已經定義好細節的傳統專案，」帶領團隊的安・凱特琳・格布哈特（Anne Kathrin Gebhardt）說。「我們正處於迭代式與自我學習的流程當中。我們所選擇的路徑，是博世電動工具這條

路。每家公司或每個事業部門,都必須定義自己的路徑。」[7]

從先行的幾個團隊身上學到東西後,轉型團隊開始看向電動工具部門裡六個事業中的一個。「這種性質的轉型,很明顯會牽涉到許多挑戰,」格布哈特說。「這畢竟不只是純粹的組織再造而已,而是在經營體系中觸角伸得最遠的那種轉型。我們正在回溯到問題的根源去,改變一切,包括我們的管理與團隊文化、我們的組織結構、我們運用的方法論,以及我們的策略流程。關鍵並不在於我們最先處理哪一項議題,而在於焦點要放在每一個單一議題上,並把問題連結到更健全的轉型方法上。」轉型團隊所定義的五大工作追蹤事項,是策略、組織、領導力、流程與方法,以及文化這五項。在三年的期間裡,敏捷領導團隊為六大事業單位的每一個,以及總部的所有部門,安排了執行順序。

在追蹤事項的部分,最重要的是用來對話的時間與空間。例如,團隊成員們贊助了許多活動——領導日;針對教練(coaching)與正念等主題提供的訓練課程;針對領導風格徵求更多意見回饋,以建立意見回饋的循環與協助領導者;促成領導團隊與第一線團隊之間的更多互動,諸如此類。他們也開始實驗敏捷的方法論與實務做法,讓敏捷領導團隊更敏捷。

　　三年過後，敏捷的實務做法已經傳遍整個部門。某些創新循環從原本的需要三年時間，減少到六個月。產品經理、事業負責人以及部門領導者，都舉行他們的站立會議，評估他們的待辦清單，盡可能立刻做決定，還產出了愈來愈多各類型顧客都會覺得有價值的創新。至於財務成果，先行指標看起來是令人振奮的，時間將會告訴我們答案。

本章五大重點

1. 考慮踏上敏捷旅程的領導者，應該檢視自己的領導風格，以及它如何能夠增加價值。是否能幫助大家從做中學？是否能用於建立信任，而非採取控制的方式？自己是否在做只有自己能做的事，意即運用比較優勢？是否能讓顧客自己講出需求，而非由領導者告訴團隊顧客想要什麼？

2. 來自公司不同部門的敏捷領導者們，會重新找到自己增加價值的方式。他們可以共同組成一個敏捷領導團隊，為自己原本的團隊建立起能承擔經營責任的可信度。但他們自己則會專注於定義優先順位、分配資源，以及為其他團隊移除障礙。

3. 敏捷領導團隊是敏捷企業至關重要的組成元素。運作時會像是一個敏捷策略團隊，專注於為整體，而非為自己原本的部門謀求最大利益，這樣才能協助全組織成功。成員們會自行定義自己的宣言，以引領行動。

4. 唯有領導者能夠改變自己，才可能改變企業文化與組織。未能承諾於學習與執行敏捷手法的領導者，就不該推動敏捷轉型。

5. 敏捷企業裡的各個團隊，必須迅速做決策。敏捷領導團隊可藉由一些做法來支援大家迅速做決策，像是有包容性、加強溝通、採取教練方式，以及建立學習循環等等。

第5章

敏捷的計畫擬定、預算規劃，
以及評核

在關於敏捷的迷思當中，傳得最兇、但也最傷的，當屬所謂「敏捷企業不需要訂計畫」這個說法。我們遇過許多企業高階主管，都是因為這個不實的謊言，而不敢導入敏捷。我們也遇過有太多的敏捷新手，只為了掩蓋自己的計畫沒訂好，就主張「敏捷本來就不需要訂計畫」。

我們知道這樣的困惑從何而來。敏捷軟體開發宣言當中確實提到，敏捷的實務工作者，很重視「因應變遷比照著計畫走更重要」。[1] 但這並不是「完全不用訂計畫」的意思，而是「要發展適應性的（adaptive）計畫」。傳統那種官僚式的組織，會訂定鉅細靡遺的計畫，並期待主管們會一五一十照著執行出來，殊不知這只是在為了追求精確，而浪費時間與

資源。敏捷實務工作者會比較把計畫看成是可測試的假說，是會隨著時間調整的。懂得調整計畫的人，會先預估計畫的潛在效益與成本，這樣大家才能決定事情的優先順位，與相對應的預算。這些計畫就只是假說而已。他們也會設想一些問題，以判定假說究竟成立與否。接著他們會透過頻繁的評核與實證數據，決定到底是要調整計畫，或是調整用於實現計畫目標的活動。在迭代式的意見回饋循環中，就是由計畫擬定、預算規劃與評核，共同創造出敏捷版本的「規劃─實施─檢討─行動」（PDSA）循環，任何一個敏捷團隊都是如此。

提升計畫擬定、預算規劃與評核的敏捷性，是打造敏捷企業時很基礎的一部分。這麼做能夠改善的企業敏捷度，遠勝於改變組織結構，甚至是增加敏捷團隊的數量。我們會在這一章裡探討，企業如何才能實現這個目標。

敏捷企業的計畫擬定

2014年，當時在外界眼中還是一家電腦公司的戴爾（Dell），正如火如荼地進行著為期多年的轉型計畫。前一年的12月，執行長麥可‧戴爾（Michael Dell）與一家名為銀

湖夥伴（Silver Lake Partners）的投資公司，實現了讓戴爾公司的股票下市。少了公布財報的壓力後，戴爾得以把創新的範疇拉得更開，可以接受用短期獲利的更大波動，換取更好的長期效益。但當時戴爾還是採用頗為傳統的以年為單位的計畫週期，這部分得先有實質的改變，新策略才能推得下去。

　　所以麥可・戴爾決定建置一個用於策略性的計畫擬定、預算規劃與評核的新模式——也就是已經在2016年改名為戴爾科技（Dell Technologies）的該公司，現在所稱的「戴爾管理模式」（Dell Management Model, DMM）。如果要直接截取這個模式的精髓的話，應該會像是這樣：先由麥可・戴爾為公司發展出一個未來想要實現的明確價值，再由公司的領導者們，把此一目標拿來和公司在目前的發展路線下，對於自身價值的推估值相比較，再據以找出公司需要什麼樣的高階行動，才能把二者之間的落差彌補起來。此一流程會產出一份多年份的營收與獲利展望，以及一份任務待辦清單。接著，這些領導者會發展逐年的詳細營運計畫。雖然這流程是每年執行一次，但在這一年之中，該領導者團隊會定期檢視這些任務的優先順位與資源分配是否得宜，以確保戴爾能夠配合多變的顧客需求、競爭者的出招，以及公司自己過去的

行動結果所顯示的相關資訊，迅速予以因應。

在這個模式裡，列出來的任務，都是依循生命週期在走的。一開始，它們都是等待處理的議題，或是等待運用的機會，能夠有助於補上價值目標與預估價值現況之間的落差。潛在影響最大，以及在組織內部涉及範圍較廣的議題與機會，就由公司的領導團隊來處理。這些任務會構成一份叫做「戴爾議程」（Dell Agenda）的待辦清單。涉及範圍較窄與影響較少的議題，就由適切的事業單位或部門負責。在每項任務都確認與分類到其中一個群組當中後，就會為每一項任務指派一位負責人，分配初始資源給負責的團隊，並在待辦清單中安排執行順序。每個任務團隊，都是照著一系列的步驟在走：收集事實資訊，發展各種解決方案，選擇其中一項解決方案，提出承諾的成果，取得執行任務的許可，執行任務逐步累積進度，定期報告成果，最後才是不再以任務的形式推動，改為整合到戴爾的日常營運當中，成為其中的一環。公司的領導者們，要和任務團隊接觸交流，以提供指導，或是在任務的生命週期中的一些時點批准一些事，基本上每個月要處理來自戴爾議程中的兩三項任務。這模式的彈性很大，在一年當中，任何時候，只要發現什麼新議題或新機會，領導者就要評估其概略價值，如果夠重要的話，就會把

它加到戴爾議程裡，安排任務負責人、配置資源，並且列入已建立的排程當中。

　　此一模式的一大優點在於聚焦。公司的領導團隊，會經常回頭檢視戴爾議程，並做必要的修改，以確保優先順位最高的議題與機會，一定會在議程之內。也由於這樣的回頭檢視，任何時刻下，議程中仍在進行中的任務，基本上都少於十二項。由於避免了組織多工下導致的效率低落，戴爾每年做到的事，遠比過去採用聚焦性較低的做事方法時，要來得多。戴爾的企業策略副總裁丹尼斯・霍夫曼（Dennis Hoffman）告訴我們：「戴爾管理模式可確保戴爾永遠把資源集中在創造出最大效益的任務上，以實現我們的策略目標與財務目標。在我們開始運用DMM之前，身為一個高階領導團隊，有時候我們會疏於校準，未能保持聚焦於公司最重要的議題上；一些跨組織疆界的議題，也比較難有進展。戴爾議程的建立，已經幫助我們發揮領導團隊應有的功能，聚焦於最重要的事情上，但是又可以在新議題出現時，保留調整的彈性。這樣我們就能通力合作，實現我們的目標了。」

　　戴爾也在其他方面運用敏捷手法。該公司已經致力於改善顧客服務與成本效益很多年。例如，供應鏈部門的領導者，之前希望改善規劃供需的能力，於是在2018年9月，戴

爾的供應鏈長凱文・布朗（Kevin Brown）成立了兩個敏捷團隊，由來自多個部門、全心投入的成員所組成。其中一個團隊，負責和公司的最大客戶一起開發與導入合作性的規劃流程，以提升雙方針對即將到來的訂單與確保準時交貨等事宜積極溝通。該團隊修改了現有流程，建立了一些新工具，還建置了先進的分析模式。但他們並沒有讓這些新程序全部同時生效，而是以每兩週一次的衝刺期，實施一系列的小變動，接著再收集來自顧客們與內部利害關係人的意見回饋，據以細部微調其解決方案。到了2019年6月，這些團隊已提交多項受到顧客稱許、內部銷售單位也接受的解決方案。「自從一年多以前，我們開始起用敏捷團隊以來，」布朗說，「我們發現，在我們驅策各營運部門進行快速而高價值的變革時，敏捷手法是一種可以用來差異化的方式。一些我們正運用敏捷方法論發展中的解決方案，比這些還更創新、更強大，也更為內外部的顧客所接受。我們現在正應用敏捷價值，推動很多的轉型計畫。」在我們撰寫本書的當下，戴爾已將供應鏈的敏捷活動，擴增到九個團隊，並運用敏捷持續改善成本與營運成果。

戴爾把敏捷手法用在計畫的擬定上，也讓該公司得以撐起遠大的計畫。自五年前導入DMM以來，該公司已完成了

科技業有史以來最大的併購案，也拆分某些事業，以調整公司的事業組合，在未拆分的一些事業中取得或強化領導地位，還提升了對顧客利益的維護，公司股票也重新上市，企業價值翻倍。

正如戴爾的例子所示，敏捷企業有四件事在執行上和傳統公司不同：

- 它們會廣泛收集顧客意見。計畫擬定的過程，會大量參考顧客意見，不管是透過直接的顧客研究，或是鼓勵最靠近顧客的團隊提出建議或改善意見。

- 它們會指引該做什麼，但怎麼去做就留給敏捷團隊去想。以戴爾供應鏈的例子來說，部門領導者與敏捷團隊擁有很大的裁量權，可以決定自己要如何貢獻於公司改善成本效益與準時交貨的目標。

- 它們會聚焦於部分任務上並安排執行順序，以避免過於多工。敏捷企業會逐年甚至逐季安排主要任務的執行順序，而不是試圖在所有任務上都同時做出一些成績。正如我們提到的，戴爾對於公司的任務訂有很高的價值門檻，因此同時在進行的，基本上只會有不到十二項任務。

- **它們會頻繁地重新審視計畫，並做必要調整。** 企業的成功有賴於比對策略的試行結果與預期結果之間的落差，並據以更新策略。所以戴爾才會選擇在一個年度當中，跑完建立策略、精煉策略、評估策略任務的初步成果、重新排定策略任務優先順位，或是撤銷低效益任務這樣的流程。經常回頭檢視與更新計畫，讓敏捷企業得以避免浪費力氣在內容鉅細靡遺、但需要在執行前多次修正的長期計畫上。

敏捷的預算規劃

敏捷企業的預算規劃，要滿足兩項主要目的。一是為公司的營運活動提供必要的控管，二是指引公司將資金挹注在對敏捷創新來說，優先順位最高的層面上。官僚體制下的預算規劃人員，基本上會花龐大的心力產出精確的數字。他們的預算數字會維持一年以上，意味著如果其中有一些效益很差的專案，將會持續執行下去，直到預算耗盡。相較之下，重要的創新卻還在排隊，等待下一個預算週期到來，才能夠爭取撥款。

敏捷的預算規劃人員，就會以不同的思維與程序做事，

特別是在涉及撥款給創新活動的時候。他們知道，在所有成功的創新活動當中，有三分之二的原始概念，都會在發展的過程中做相當程度的修改。他們很清楚，創新團隊會割捨部分特點，只推出剩下的，不會再等到下一個年度。因此，敏捷的撥款程序就會變成像創投公司那樣：過程中會針對未來的進一步發現，提供購買選擇權的機會。目標並不在於要馬上創造出大規模的生意，而是為終極解決方案發展出關鍵要素。這固然會造成大量的明顯失敗，但嚴格來說，也加快了學習，同時降低了學習的成本。敏捷企業裡的撥款決策與此類似，大量提升了創新的速度與效率。例如，目標百貨（Target）就針對事業能力與顧客體驗，把自身具備的技術組織起來。全公司的250位產品經理，一個個就像是創業家一樣，必須負責創出可衡量的商業成果。創造出較大報酬的，就拿到更多資源，也肩負更大的責任。

　　雖然大多數敏捷企業依然保有一年一度的預算規劃週期，但遠遠沒有傳統預算規劃那麼繁複。管理人員們也會在一年當中，定期更新預算規劃，以反映出狀況的變動，並把關於創新活動的新資訊更新進去。這樣的彈性可帶來相當的好處。例如，美國一家領導性的金融服務公司，業務內容是提供汽車保險給顧客。前一陣子，該公司斥資成立幾個敏捷

團隊，負責為該公司想要的一種新能力開發基礎元素：他們希望可以讓顧客到公司網站上或透過手機應用程式，搜尋並購買想要的車子。該公司的原始想法是，在搜尋功能之外，也想要加入推薦商品給顧客的功能在裡頭。但是當這些團隊做過測試後發現，顧客只看重搜尋功能，不需要商品推薦的功能。這促使該公司調整計畫的優先順位，把其中一個敏捷團隊重新配置到其他任務上。如果是在傳統的預算規劃環境下，這整個專案基本上會照著完整執行，而用於開發商品推薦功能的心力，就嚴重浪費掉了。

在為創新活動規劃預算時，敏捷企業基本上會遵循有別於此的三種實務做法：

它們會為任務排定策略上的重要性高低，但仍會容許計畫之外的任務加入

在規劃時應該要釐清策略內容，找出必須採取什麼行動才能實現公司的遠大目標。優先順位最高的，應該是撥款給那些對實現策略而言最為重要的活動。在某些狀況下，這些活動可能會占去幾乎所有可用的資金；但在其他狀況下，這些活動可能還會留下相當的空間，可以容許意料外的活動插進來。所以，每家企業都需要針對投資機會，擬出一份排定

優先順位與執行順序的待辦清單。待辦清單裡的項目，可以來自很多不同的來源：包括經由計畫擬定流程而來、由運作中的敏捷團隊所提供的有趣點子、由新的顧客調查而來、由競爭分析而來、由第一線員工提供的建議，或是由未預期的購併機會而來等等。和那些曾一度列入規劃流程，但現在似乎已經遭逢困難，或是變得沒有那麼和策略相關的項目比起來，不在原本計畫中的活動，是有可能拿到更多預算的。

　　比如說，亞馬遜的付費會員服務（Prime）與雲端運算服務（Web Services），都是來自於標準規劃週期以外，由下而上產生的點子。二者在當時看起來都不像是策略上的優先事項，但後來它們的資金需求隨著用戶成長而增加，在策略上的重要性也很快上升。在亞馬遜，就算有案子沒有做成功，也等於是讓出空間給其他點子有發展的機會：亞馬遜推出的手機 Fire Phone 失敗後，其待辦清單中，有著滿滿的報酬遠比 Fire Phone 還高的各種創新機會，等著去發展（我們會在第八章探討更多有關亞馬遜的議題）。

當各種機會持續存在，它們會撥款給持續性的團隊，而非專案

　　敏捷團隊有兩種，一種是專案團隊，負責處理可以合理

地在幾星期到幾個月內迅速解決的議題或機會。另一種是持續性團隊（通常稱之為產品團隊），負責處理可能得耗時數年因應的可觀顧客機會。就像亞馬遜創辦人傑夫‧貝佐斯老愛講的，「即使東西已經很好很棒，顧客永遠都不會感到滿意，就算他們告訴你很滿意，生意也很好也一樣。即使他們自己不知道，顧客都會想要一些比現在更好的東西，而你想要取悅顧客的欲望，就會促使你為顧客發明新東西。」[2] 隨著顧客需求改變與解決方案的進化，在以數年為單位的週期中，基本上會交由持續性的團隊，來負責調整方向幾十次。沒有人會希望每當產品團隊必須改變方向時，都要再回來徵得同意再去做；一旦他們找到更好的方式提供解決方案給顧客，他們就應該直接去做（相對的，如果他們沒找到好方法處理問題，或問題已不再重要，團隊也應該改為關注另一個問題，或是解散）。這種持續性的敏捷團隊，由於壽命長又得到授權，隨著團隊與團隊之間、團隊與顧客之間，以及團隊和服務那些顧客的流程和體系之間一次次愈來愈熟悉彼此，會是比一般團隊更有效率與效能的創新者。如果想更深入了解持續性團隊的計畫擬定、預算規劃以及評核，請參閱網站「bain.com/doing-agile-right」。

它們會視成果如何做後續撥款

　　敏捷企業注重成果，不管你的資歷如何。高階領導者偏愛的專案，也要和任何其他敏捷活動一樣透明。高階主管們的意見，和軟體工程師們的意見，都要接受同樣的篩選機制考驗：該如何測試提出的想法好壞？

　　有撥款就有責任歸屬。每項已獲撥款的敏捷活動，無論是持續性的團隊、專案、策略性重點項目，還是計畫外的機會，都有責任要實現原本承諾的，讓公司之所以願意撥款給你的顧客成果。這聽起來理所當然，但令人訝異的是，有多少傳統的預算規劃體系，都是耗費了數月甚至數年來決定要不要投資某個專案，但是決定投資後，卻又沒花一天時間，去判斷這投資是否真的有成果。敏捷的預算規劃就不一樣。它們會經常自問，案子是否符合再多投資一點的條件？它們會獎賞實驗的效能。敏捷的實務工作者，會在找出最關鍵的問題，以及設計出巧妙的方式建立原型、回答這些問題的過程中，精熟自己的技巧。敏捷團隊要嘛會確切期待找到實現成果的方法，要嘛會把自己的預算讓給其他能夠用這筆錢創造出更多價值的敏捷團隊運用。

　　當然，不同公司面對不同的挑戰，所以每家公司都該發

展適合於自身需求的預算規劃程序。以我們將在第七章做更多探討的蘇格蘭皇家銀行（Royal Bank of Scotland, RBS）為例，該銀行在幾年前為了變得更聚焦於顧客，曾經有一部分的核心活動，是由個人金融部門的領導者開始打造持續性的敏捷團隊，原本預計是要因應特定的顧客體驗，但RBS的預算規劃、撥款與治理模式卻成為阻礙。一方面，該模式是用於撥款給傳統專案用的。在案子的特色、成本與預計成果上，都要提交極其詳細的數據才行——細到得花上很多時間才能準備好，這使得敏捷團隊無法在吸收到更多有關顧客行為的資訊後，做必要的調整。也因為每個專案結束後，團隊就解散，有新專案時才又重新組團隊，團隊與團隊間很少會有長期合作下能夠得到的那些好處。最後，做必要改變時所必須面臨的繁複批准過程，會延遲成果出爐的時間，也讓原本希望透過小幅改變帶來的測試與學習的效果，變得不切實際。

所以RBS的領導者們，開始重新設計公司的預算規劃與撥款模式。第一步是建立一些和顧客的特定體驗組合有關的顧客事業領域（customer business area, CBA），比如說「購屋與房屋所有權」。第二步是在CBA內部建立持續性的旅程團隊（journey team），每個旅程團隊負責一種顧客體驗，比

如說「信用卡爭議款申訴」。每個CBA都要由CBA負責人在爭取資源時，簽署一份績效同意書，內容會提到承諾實現的成果，像是營收的成長、成本的刪減，或是淨推薦值（Net Promoter Score, NPS）的增加等等。每個旅程負責人，也要承諾協助所屬的CBA做到績效同意書中的承諾，以換取資源的撥發。此一體系授權團隊成員，可以在追求實現團隊目標下，管理自己的待辦清單。自從整個RBS個人銀行上下都採取這種做法後，一年中執行的事業案，從80個減少到6個，釋出可觀的時間與心力。RBS打算進一步發展該模式，讓公司既能維持撥款給各CBA與各旅程團隊，又能夠因應顧客優先事項與商業機會的改變，而慢慢調整撥款內容。

　　RBS也使用一種叫情境基礎撥款（scenario-based funding）的技巧，確保挹注資源支持的是最有展望的機會。公司會要求事業單位領導人提供，在基礎狀況下，需要的創新與投資撥款量，以及相對應能夠創造的商業價值。但公司也會要求他們預估，假如多撥款兩成，能夠多創造多少價值？假如少撥款兩成，會少創造多少價值？這樣的流程讓RBS得以考量，預算要如何在不同事業單位之間配置，才能讓企業的商業價值最大化。事業單位的領導者們，除了要自行預估之外，也會在做預算配置的決定時，在直屬於本單位的那些產

品負責人身上，使用同樣的做法。

敏捷企業的評核

評核（review）是PDSA循環中必要的一部分。每季、每月甚或每週的評核，提供了頻繁的機會，可以比較實際績效與原本的預期績效之間的差異，並決定是否要調整計畫與預算，或是要改變活動的安排，以期實現計畫。但同樣的，在這個部分，敏捷企業的做法也和別人不一樣。參與者會以透明與非正式的方式分享資訊，以避免時間與心力浪費在準備華而不實的簡報。它們也比一般企業更可能透過評核的方式修訂計畫與調整預算。其主要用意在於，促進而非阻礙對敏捷團隊的授權。負責評核者希望把必要的資訊提供給敏捷團隊，讓他們可以全方位去做商業考量。也就是說，原本在官僚式組織裡是由控制部門或其他管理者來做評核的工作，現在在敏捷企業裡，變成交由團隊自行評核。這有助於避免上對下的過多命令。

例如，預算永遠是由財務部門管理。但財務經理不需要去找敏捷活動的負責人，針對他們的所有決策提問。「我們財務長常把責任移轉出去，授權給敏捷團隊，」電玩公司銳

玩遊戲（Riot Games）的開發部門領導人阿莫德‧西德基（Ahmed Sidky）表示。「他都會說，『我來這裡不是要幫公司管理財政的。財政要由你們這些團隊領導者來把關。我只是提供諮詢的角色。』在這個日常運作的組織裡，他們就是（分派到敏捷團隊去的）財務夥伴。他們不會去管團隊們要做什麼，不要做什麼。他們比較像是財務教練，會問你一些困難的問題，提供具有深度的專業。但到最後，還是得由團隊領導者，從對銳跑的玩家最有利的角度做決策。」[3]

　　當然，銳跑遊戲是一家數位原生企業，有過許多實施敏捷的經驗。但RBS的個人銀行卻也追求類似的目標，目前正修改其每季一度的預算評核流程，以期更為授權給敏捷團隊。每季的評核改為不看專案的花費與已完成的部分占預算的百分比，而是圍繞著顧客事業領域與旅程團隊的績效同意書，包括原本同意要做到的可衡量成果在內，去做更多有價值的討論。由各負責人報告已實現的成果，或是報告未能達標的成果，大家討論背後的原因，並尋求改善的著眼點。評核重點的這種轉變，讓負責人與所屬團隊能夠有遠高於過去的參與感與滿意度。在我們撰寫本書的當下，負責企業變革的創新團隊，與負責企業經營的營運團隊，雙方都還是各有各的績效同意書。但銀行當局正規劃為配置到同一顧客旅程

的這兩種團隊，建立更具一致性的目標與承諾事項；此外在治理上也正規劃變革，應該能進一步提升旅程團隊的敏捷度。在這些變革當中，也包括了針對會影響到顧客或能夠精簡預算運用報告的變革，減少批准變革的步驟，以加快變革速度的措施在內。

戴爾（並不令人意外地）也會藉由評核更新既有的計畫。每個月，高階領導團隊的會議，會針對某些正在執行的策略性議程任務，評核截至目前為止的成果。這是要讓任務負責人必須負責做出所承諾的成果。這樣的流程可以避免傳統官僚式組織一個常見的問題：有些專案持續好幾年，卻沒有什麼成果可以展示。

戴爾的敏捷評核流程，也會提供必要資訊，給公司在擬定年度計畫與規劃預算時做財務管理之用。財務團隊與事業單位領導者，會在一年的第四季，擬定新的年度計畫與規劃預算，然後在一年當中更新兩次。計畫與預算當中也會依照事業領域的不同，訂定營收與成本目標。所有正在進行的任務創造多少成果，也會在這裡反映出來。透過這樣的流程，由於每項工作都是朝著共享的目標邁進，形同也協調了創新與營運團隊。戴爾的評核流程因而避免了另一個常見於傳統官僚式組織的問題：很難為了反映狀況的改變所帶來的影

響，而調整年度預算。

至於擬定計畫、規劃預算與評核，應該要多久一次？這就要看組織的不同了，尤其是要看穩定性與創新之間的平衡點何在。頻率太低可能導致進度停滯或資源的錯誤配置；頻率太高又可能創造出不必要的工作，或是造成營運上的困擾。大多數敏捷企業發現，正確的平衡點在於，至少每幾個月，至多每個月，要更新一次公司與事業單位的計畫，以及預算的規劃。

開始由傳統式的計畫擬定、預算規劃與評核轉為敏捷式的時候，控制導向的高階主管會覺得有點危險。畢竟它直指企業財務控管的核心，而這又是企業財務長與董事會的基本職責所在。此外，也會引起對傳統的計畫擬定機制與資源配置的質疑。隨著敏捷團隊承擔更多責任與得到更多決策權，也會涉及企業各個階層的權力轉移。要在一家大企業全面同步實施這些變革，可能真的會很危險。但只要遵循敏捷原則，就能大幅降低風險。那些成功推動這種轉型的企業，都很堅持把既有流程中的失敗之處攤開來，並展現出新模式可以如何克服這些問題。這些公司會幫財務長及其他高階領導者，聯繫已經成功轉型的企業。它們會試行新的計畫擬定、

預算規劃與評核模式，以證明其效益，然後再逐步拓展實施，或許是照事業單位實施，或是照地理區域實施。

　　這趟通往敏捷計畫擬定、預算規劃與評核的旅程，無論怎麼安排，都是任何想要成為敏捷企業的公司所必須經歷的。

本章五大重點

1. 不同於外界普遍的誤解，計畫的擬定依然是敏捷很基礎的一部分。計畫擬定、預算規劃與評核，必須頻繁地在調適的過程中通力合作。

2. 敏捷的計畫擬定，最佳實務做法包括收集大量由下而上的資訊，要根據需求多規劃一些，而且要盡快；接著是為活動排定優先順位與執行順序，以便將在製品及多工的情形減到最少。此外，還要根據新資訊，重新審視計畫。

3. 敏捷的預算規劃，最佳實務做法包括排定策略上的重要性優先順位，又要同時接納吸引人但原本不在計畫內的活動，撥款支持持續性的敏捷團隊或持續性的機會，並運用創投手法，視成果如何有彈性地調整預算。

4. 敏捷的評核，最佳實務做法包括頻繁安排透明化的非正式機會做評核，比較預期結果和實際結果，並決定是否要調整計畫與預算，或是要改變活動的安排，以期實現計畫。

5. 對於控制導向的高階主管來說，計畫擬定、預算規劃與評核流程的變革，或許會讓他們覺得很危險，但其實是成為敏捷企業的路上相對容易做到的部分。在敏捷手法的引領下，變革可以成功實現，包括透過試行計畫或階段性推展，來把整個新模式帶出來。

第6章

敏捷的組織、結構，以及人才管理

打造敏捷企業，幾乎可以說一定會涉及營運模式的改變；而營運模式所牽涉到的一切，也同樣會有所改變。角色與職務必須重新定義，決策權也必須調整。核心的管理實務做法與程序，必須更為精緻化。人資管理的實務做法，必須重新有所考量。基本的工作方法，也必須大肆修改。組織的結構，同樣必須時常重塑。除非領導者們決定同時改變一切——這通常不是最佳選項——不然他們必須去想，應該要如何在敏捷的風格下，安排這些改變的執行順序，並逐一予以測試。這可是件苦差事。那些習慣於官僚式手法的人——也就是大多數的領導者——常會發現，自己會忍不住想要抄捷徑。

不消說，最常見的衝動，就是翻新公司的結構，然後就

結束。看起來如此的簡單！你只要把那些框框和代表上下關係的線四處移一移，就能弄出一個新的組織架構圖。組織架構重整，讓企業得以裁員及刪減成本。哪些人最支持你在腦海中構思的變革，你就可以把他們安排到重要的職位上。你可能會覺得，只要改變職務，你就能迫使大家改變處理工作的方式。一旦工作的方式改變，就會回過頭來改變工作的產出與結果。你瞧！可不是變出了一個敏捷企業來了嗎？

還有一種衝動是抄襲別人。我們已經在本書稍早提過抄襲別人的危險所在，但抄襲這件事，與組織結構特別有關係，因為你確實可能在看到某一家公司的組織架構圖後，就直接奉為指引。所以現在就來檢視一下瑞典的音樂串流公司Spotify的組織架構圖吧，因為那可能是最常有人模仿的敏捷組織模型（參見圖表6-1）。

在你瀏覽這張圖的時候，你可能會感到很驚訝。它看起來可能和你們公司的組織架構圖十分相像，事實上也會和幾乎所有以傳統方式安排組織架構的企業很相像。當然，如果你再往下深入去看，你可能會看到一些相對來說比較不熟悉的術語，像是小隊（squad）、部落（tribe）、分會（chapter），以及公會（guild）等等。但這些敏捷團隊與其他分類方式的大多數，都還是內建於Spotify的研發部門。至於其他人，那

圖表6-1

Spotify 的組織架構圖

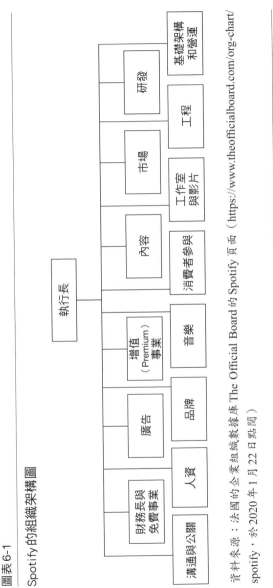

資料來源：法國的企業組織數據庫 The Official Board 的 Spotify 頁面（https://www.theofficialboard.com/org-chart/spotify，於 2020 年 1 月 22 日點閱）

些負責營運功能以及支援與控制功能的人,則是被安排到傳統部門去。這家數位原生企業,有一半員工都隸屬於研發部門。但在其他公司,專注於敏捷創新的員工,占比可能只有10%到15%之間。

我們把這些觀察提供出來,是要介紹三個觀點:

- 一個組織的營運模式,不該和其正式結構混為一談。正式結構包括權責的安排、誰握有決策權、管理體系、領導行為、文化、合作的方法論等等,以及結構本身。只改變結構,並不會讓其他元素自動跟著改變。

- 改變營運模式很重要,改變的過程也一樣重要。新模式的建立需要時間,大家適應它也需要時間。還有,由於組織都是複雜的系統,要想精確預測出任何一項改變會如何影響組織,是很困難的。測試、學習,以及按部就班地擴大實施,通常是必要的。

- 營運模式必須配合公司的策略與狀況量身訂做,而非盲目抄襲別人。從一家敏捷組織的結構中挑選某些部分,直接應用到另一家截然不同的公司身上,是危險之舉。

幸運的是,要改變組織,還有更好更健全的方式可以採

用。本章就是要談談我們的建議，像是在敏捷轉型的過程中，我們很少以「組織架構重整」做為起點的原因，以及調節人才引擎之所以是至關重要的一環，卻又常被小看的原因。我們會以各位已經看過的博世這家公司，以及其他幾家公司的例子，來說明這些論點。

想像未來的營運模式

大多數的人資主管，都能講出錢德勒（Alfred D. Chandler Jr.）的名言：「唯有結構能夠跟隨策略時，才不會導致效能低落。」[1]但必須跟上策略腳步的，不是只有結構而已，而是整個營運模式都要跟上，包括結構、領導力、計畫擬定、預算規劃，以及評核，甚至是流程與技術，都必須跟隨策略，把企業的每一個部位都整合起來，都和諧並進，讓公司的整體價值，能夠大於所有部位的價值之總和。

企業的策略決定了它選擇的戰場、求勝的手法、需要哪些事業單位來參與，以及這些單位如何運作。例如，我們公司的策略，是要在集權式的結構下，還是在分權式的結構下，還是在試圖擷取雙方優點，既有規模又能自主的矩陣式組織下，比較能夠成功？做完這些決定後，就會有兩個更重

要的問題接踵而來：我們應該要有幾個事業單位？我們該如何定義這些事業單位，好讓事業單位的領導人，都能得到做出困難取捨的權力，又不會造成其他績效單位的麻煩？事業單位的定義一旦正確，就等於打造出一些得到高度授權的領導者，能夠為成果的好壞負全責。事業單位的定義一旦錯誤，就等於是在公司內部製造出功能的重疊與混亂。

在定義事業單位時，高階主管們常會使用簡化的捷徑與數學的集群（clustering）技巧：計算所有營運單位之間的成本分攤額；決定各單位把能力分享出來的潛力大小；估算既有的各種消費者購買型態間的重疊處。如果這些估算得到的數字都比較大，那就把各營運單位整合為單一的事業單位。如果不是，那就採拆分的型態。這些技術可以讓企業迅速找出在目前的市場狀況下，怎樣定義事業，會比較有效。但並不是這樣就沒事了，還得從顧客需求端回推。事業單位的存在，是為了滿足顧客需求並獲利，而不是草草推出產品就算了。紙本百科全書和維基百科，都是屬於同一種事業，即使二者的成本結構與生產流程大相逕庭。白熾燈泡與LED燈泡也是如此。讓企業得以在滿足今日的顧客需求上占有優勢的事業定義與矩陣選擇，絕對不能影響到未來這家公司改用別的方式滿足顧客需求的能力。

　　事業定義不當，是企業的倒閉率愈來愈高的一大主因。實體零售遭亞馬遜摧毀。化學照相術被數位相機嚴重破壞。打字機因為文書處理軟體而被淘汰。影視出租公司被影音串流搞到破產。會有這些例子，都是因為太多企業用「我如何把產品生產出來」，而不是用「顧客會因為什麼而購買產品」，去定義自己的活動疆域。然後，就有名不見經傳的廠商突然蹦出來，變成新的競爭對手。那些創新並沒有和既存產品分攤任何成本，它需要的是全新的能力。有些向你的新對手購買新產品的顧客，甚至根本不是你的既有顧客。在如此動盪的時代裡，既要讓事業單位維持正常運作，又要同時調整事業，那麼在定義事業的時候，就應該一開始就鼓勵它們，要持續去適應不斷變動的顧客需求。

　　敏捷團隊可以提供這樣的適應力。適當的事業定義應該能夠讓公司知道，該把敏捷團隊設在哪裡，以及要如何運用敏捷團隊。把敏捷團隊擺在正確的事業單位裡，不但可提升創新成功的機率，還能迅速而有效率地擴大實施。只要能確保不會造成事業單位分崩離析，變成難以負責與問責，那麼敏捷團隊就能提升績效。賦予敏捷團隊顧客導向的使命，將會有助於領導者配合變動的顧客需求調整事業，甚至還能夠提前因應。

　　只要高階主管做對這件事，就可望打造出一個看來像是圖表6-2這樣的組織結構。敏捷創新團隊將會在全公司開枝散葉。除非是那種本來就在既有事業單位的範圍外，或是跨越多個事業單位的破壞式創新，否則敏捷團隊應該配置在愈靠近必須接納與擴大實施敏捷的營運部門愈好。這樣的建議，其實和很多用於擴大實施敏捷的模式比較偏好的做法，是相反的。我們的建議是不要把敏捷團隊拉離營運部門，變

圖表6-2

敏捷企業的結構看起來可能是什麼樣子？

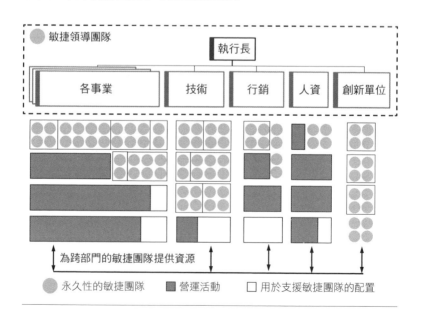

成都集中在大型部落裡。但我們有很好的理由，要讓事業負責人在狀況允許下盡可能為敏捷團隊負全責。第一個理由是，最優秀的領導者都是變革導向的。當變革的權責被人家從事業單位中移走，就等於把這個領導者的願景、創造力，以及靈感，也全都移除了。這個領導者將不再帶領部門走向未來。企業如果希望領導者能夠創造高績效，就必須授權他們，要給他們能夠領導部門的權責。第二個理由是，想要創新能夠成功，最困難的部分通常不是提出有創意的點子，而是擴大實施。比起把所建立的原型擴大實施到全公司並創造效益，建立原型這件事，相對來說還是容易的。如果沒有讓直線管理者負責創新的解決方案，這些方案可能會繼續在最時髦新潮的創新實驗室裡束之高閣。

　　組織的結構要畫出來並不難，但對企業來說，最重要的其實是描繪出完整的營運模式。決策權如何運作？由誰來設定預算水準？員工隸屬於哪個單位？由誰來負責招聘、培訓、績效評估、獎酬、升遷，以及職涯等事宜？哪些功能應該設為集中式的共享服務，哪些又應該設為分散式運作？成本的分攤如何決定？事業單位能否自行決定要向外部第三方機構採購共享服務？提供共享服務的部門，可以提供服務給外部第三方機構嗎？組織結構永遠沒有完美這回事，但好消

息是，它也毋需完美。只要聰明地混合營運模式的所有元素，高階主管們就能確保沒有單一元素會阻礙到成功。組織結構未必需要改變——或者說這件事可以大幅延後進行，先聚焦於像是決策權、領導，以及工作方式等層面的變革上。組建敏捷團隊甚至可以不用改變成員們的隸屬部門。他們還是向原本的部門報告，但他們的主管就比較像是一個長期的職涯發展教練，而不是日常工作的督導者。每日工作就跟著敏捷團隊規劃與執行。

設想如何實現目標，
以及要用多快的速度實現

正踏上敏捷轉型的企業，比起那些尋求其他類型變革的企業，有一項內建的優勢，那就是手邊有敏捷的工具可供運用。所以自然而然就必須自問：預計要走多遠、多快，以哪裡為起點，以及如何安排變革的順序？如果其領導者夠熟悉敏捷原則的話（我們也希望他們已經熟悉了），就會知道，適切的順序是測試、學習、擴大實施。他們也會知道，自己必須讓全公司參與過程，必須設計與共同創造出等待測試的變革，給來自公司上下各專業、各層級的人測試——要公開

透明地做。在每一個階段，設計的流程必須釐清，什麼工作是由什麼群體做的，誰要為每個關鍵決策負責。當決策盡可能下放到組織的愈基層去做，敏捷的效果會最好，但前提是要提供基層適切的指引，也要讓他們知道，什麼狀況下要上呈給更高層級的人去做決定。

企業也必須考量到，在整個營運模式中，有哪些地方是預計要做改變的。不只是結構，也包括權責與決策權的改變、管理體系的改變、領導上的改變等等。視事情發展的狀況，變革的速度有可能變快，也有可能慢下來。那些把變革控制在自己想要的速度下，把其他非敏捷團隊也拉進來的公司，和那些只想著變革速度愈快愈好的公司比起來，基本上事業成果會更好。一味追求快速變革的團隊往往會發現，自己在公司裡搞破壞，卻沒有帶來任何的明顯效益，也間接傷害了自己未來在公司裡的話語權。

關於這些戒律，博世電動工具就是一個近乎教科書案例般的優良示範。該單位成為敏捷企業的過程，採取的是小心翼翼地排程過，分多年推動的手法。第一批試行團隊是設在家庭與花園事業單位。在約莫六個月的時間裡，從試行團隊中學到經驗後，領導者們開始擴展敏捷團隊的數量，直到圍繞整個事業單位。接著，電動工具部開始在兩年的期間裡，

依序在其他五個事業單位實施敏捷。當我們寫到這裡時，電動工具部正聚焦於如何改善支援與控制功能，像是財務、人資，以及後勤。

　　一開始，電動工具部就定義了指引敏捷轉型的五大追蹤事項：策略、組織、領導力、流程與方法，以及文化。每當又有一個事業單位啟動轉型流程，來自各層級各部門的志願協助者，就組成臨時專案團隊，幫忙設計新組織。大家的討論完全是公開透明的，這些臨時團隊就運用迭代流程，把意見回饋吸納進來，再據以調整修正。在其中一個事業單位，負責組織結構的團隊用不同顏色的樂高積木，代表不同的專業。這樣的做法讓團隊成員得以討論，在不同替代方案下，人員要怎麼配置。實際打造解決方案的原型，會比只是在紙上畫框框再連起來要來得有力而能激發靈感。

　　慢慢的，電動工具部的領導者們從經驗中學習，調整了實施的手法。例如，要在第三個事業單位推動敏捷轉型時，前一兩個月已經用來探討「為什麼」要實施的原因上，讓單位裡的成員了解推動轉型背後的原因。雖然轉型流程的第一年是注重在組織結構上，但一年過後他們發現，更應該著重的是合作與文化。工作方式也很重要，呈現出來的變動，比結構本身的變動還大。領導者們也增加了對於新領導行為的

支援，在全公司上下多次舉辦「領導日」，並在學習上做了可觀的投資。視每個人的職位不同，有些人可能會去上領導課，有些人則是去上專業課。員工們收到了切中焦點的意見回饋與指導。他們學習敏捷的基本事項、設計思考，以及正念。由於早早就有敏捷教練到位，讓每個事業單位都了解到新的手法，驅動生產力提升的新手法。

博世電動工具部的組織結構，確實出現相當大程度的改變，公司領導者們視之為促成敏捷轉型的關鍵因素。新的組織結構，打破了原本各部門的穀倉，建立起小型的損益單位，也把階層數從五減少為三。但該公司依然小心翼翼推動變革，先推試行計畫，再花三年的時間慢慢建置。此外，組織結構只是多軌之一，事實上影響最大的因素是來自工作方式的改變。慢慢的，電動工具部建立了55個事業團隊，都有著端對端的責任歸屬與決策權，甚至也包括製造部門在內。此一改變，結合了我們在第四章提及的敏捷領導流程，加快了決策的速度。這些團隊都設在靠近所屬事業單位營運功能的地方，所以出現什麼新議題時，團隊的因應速度會比較快。過去做決策，問題可能得先從製造的第一線經由製造部門的穀倉往上傳，再橫向傳到其他相關的穀倉去，但現在可以當場就做決策。「大家都隸屬於追求同一目標的團隊，」

擔任輕型鑽鑿事業負責人的丹妮拉‧克雷莫（Daniela Kraemer）表示。「例如，我們在中國有個工廠。有一次，廠裡的員工檢測到某家供應商有個和開關元件有關的問題，當下就先停止生產。同樣在那一天，我們就採取了對策，由幾個業務與行銷團隊負責聯絡客戶們。我們的處理速度不可能比這更快了。大家齊心協力把問題解決掉。」[2]

打造人才引擎

「我們公司當時要是能夠更早在人才方面採取行動就好了。」我們已經不知道從多少推動敏捷的企業高階主管口中，聽過這樣的後悔之詞了。相對的，那些在剛開始推動敏捷時，就在團隊裡給予人資主管們一席之地的企業——然後要求這些人帶頭開發人才——會發現自己公司的轉型過程，可以因而大幅加快。

為什麼會這樣？在任何一家公司，人才策略都得看你的企業策略而定。一家公司的策略與營運需求，不但決定了所需要的人員類別，也決定了這些人理論上會期待什麼、渴望什麼。奇怪的是，很多公司都不針對這樣的連結性，做這方面的人力規劃。

　　敏捷轉型如果缺乏這樣的規劃，是不會成功的。根據定義，敏捷幾乎都需要特定的新技能，也因而需要新的人才。幾乎每家公司的人資主管都會馬上發現，公司現有人力，和人力需求之間，是有落差的，尤其是在至關重要的內部技術領域。隨著他們把資源放到各個專案上，他們會發現，在專精的專業領域裡，存在著一些人力落差。過去可能都是十來個專案共享一群專業人才，但在敏捷環境中，不會有這樣的選項。敏捷轉型的企業，也可能會發現，必須納入具有某些專業的人才。也就是當「安排這些人才進來的成本，低於缺乏必要技能所導致的成本」時，那就非做不可。今人慶幸的是，敏捷本身在這方面頗有幫助。例如，人資經理們可以在企業中的某個區域，測試一下以人力規劃改善資源瓶頸的解決方案原型。他們可以從測試的經驗中學習，再據以擴大實施人力規劃的範圍。

　　在某些狀況下，人資部門可能會發現，訓練員工學習新技能，會比從外部找人要來得便宜而容易。如果是採用另外雇人或是裁員的做法，遣散費、雇用成本，以及提供一些吸引人家前來的福利，花費會很可觀。其實，大多時候，敏捷企業所需要的絕大多數員工，都是來自這個組織本來的員工。他們是資產，而非負債。畢竟，你會需要已經很有經驗

和你的顧客打交道、知道顧客重視什麼的員工。你會需要了解公司的各種作業與流程與體系如何運作的員工。對公司來說更重要的，並不是那些接受敏捷手法訓練的人，而是你的組織裡那些知道敏捷可能會如何發揮效用的人。但這種人很多都不會直接用到敏捷的方法論。營運團隊必須知道，敏捷轉型對於自己的意義是什麼；他們可能會參與敏捷團隊，也可能必須學習新技能，像是參與測試與擴大實施敏捷。但他們大多數不會加入敏捷團隊，因此只需要接納敏捷價值，而非採行敏捷手法。

人才體系

企業的人才策略，決定了它如何設計人才體系——也就是企業賴以取得人才、發展人才、配置人才、管理人才，以及獎酬人才的各種流程。在敏捷轉型的過程中，有一部分的工作是必須重新設計此一體系的某些層面。高階領導者與人資部門人員，必須找出每個員工該如何進化——包括人資部門自己在內。以下我們會用實際例子，把涉及的一些事項介紹給各位。

沃爾瑪（Walmart）旗下有超過一百萬名員工，所以該公司在美國的人資長朱莉·墨菲（Julie Murphy），就有許多

內部顧客要照顧，她得負責改善這些人的體驗。為此，她研究了顧客群中的不同區塊，試圖了解他們的整體顧客旅程，以及旅程中的一些關鍵情境。她和她的團隊針對不同情境的重要性、出現頻率以及機會，決定好優先順位。

2018年初，墨菲根據訂好的不同情境優先順位，設立了五個敏捷團隊，以加快創新速度。這些團隊分別聚焦於雇用、學習、進展、績效，以及簡化。轉換為敏捷團隊，為工作帶來了更高的透明度，也改善了她的團隊訂定優先順位的能力。確實，創新的速度大幅提升。例如，其中一個聚焦於雇用第一線員工的團隊，就是如此。負責這部分體驗的團隊——成員包括具人資與技術專業，全時投入的員工——發展出一種更精準找出潛在候選員工的工具，減少了雇用過程中的偏誤，也減少了每個人的行政負擔。

該團隊第一次釋出的東西是，提供給現場人資專員一份排好優先順位的候選者清單，背後運用的是一套針對候選者的二十個資料點，進行整合與分析所得到的演算法則。該團隊是把這套工具在某一個市場釋出，在那裡收集來自店面經理與現場人資專員的意見回饋後，再向另一個不同的市場釋出第二版，做更多的測試與學習。到2019年中，這項小名叫「雇用幫手」（Hiring Helper）的新工具，和傳統的挑人方式

比起來，雇用的速配性提升了兩成。此外，用這項工具的第一版和第二版挑出來的新員工，減少了5%的離職率，以及15%到30%的缺勤情形。當我們寫到這裡時，該團隊仍持續測試、學習與擴大實施。

當然，這只是沃爾瑪這家公司的情形。其他公司在人資領域需要的敏捷團隊數目，會因為其支持敏捷轉型所需變革的規模與範疇不同，而有所不同。如果只是人資政策或實務做法上的簡單改變，那麼直接執行也就行了。但如果是較大型的流程與技術創新，採用敏捷團隊，或可因而得到一些效益。以下就一起來看看指引這些改變的一些基本原則。

要培育領導力，而非只是管理

領導力意味著不只是負責帶領一個團體，把想要的成果做出來就算了。對於敏捷領導者，尤其應該因為他們對於創造敏捷環境所帶來的貢獻，而好好獎勵一番。例如，在博世電動工具的一個部門，那裡的領導者要求一群五十個以上的人，定義出一套他們所認為的領導力應該具備的特性，也就是一個員工是否能升遷，需要擁有的技能與特質。這群人訂出了五大衡量標準：觀察力、同理心、心腸、自律，以及適應能力。簡言之，一個人光是能夠創造傑出成果，還不足以

擔任領導者，還得要類型正確才行。該部門還把過去由老闆
提名主管人選的流程，改為自我提名，再由委員會評選這些
候選者。這樣的新制度，緩解了一種常見的狀況：有些經理
一直被派到不同任務去，沒有在同一個老闆身邊待得夠久，
以至於老闆不會提名他升官。

　　敏捷企業也會比較常使用教練（coaching）的方式，而
非職涯路徑；不再有那一條通往頂峰的路。身處敏捷企業的
員工可以學習，抓住大好機會，即使沒有升官，也能把自己
變得更有價值，不必靠升官。在這個更為靠自己做出選擇的
冒險世界裡，很多公司都把職涯發展交給員工自己去做，公
司則提供教練方面的支援。這些公司也會協助領導者習得教
練的技能。在博世，敏捷轉型的學習課程當中，教練是很重
要的主題，還從敏捷團隊本身擴及於營運部門。位於中國的
一家工廠的經理，由於深受學習的啟發，還自己花私人時間
考取了教練證照。

用你的使命來吸引新人才

　　敏捷企業在招募人才時，注重的是使命與結果，而不是
看他們的來頭顯赫，或是履歷有多好看。以數位支付業者
Stripe為例，該公司就特別強調公司的使命，說應徵者「將

擁有前所未有的機會，既可以把全球經濟放到每個人伸手可及之處，還可以同時讓自己從事職涯中最重要的一份工作。」[3] Stripe內部的職稱不多，還特地警告應徵者，「在我們這裡工作幾年後，你的領英（LinkedIn）個人主頁，看起來可能不像你在其他公司工作的朋友那麼光鮮亮麗。」[4]因此，能夠吸引到的，將是能夠坦然於這種企業文化與敏捷環境的人才。這麼做不光只有文化上的好處而已，根據我們的同事麥可‧曼金斯（Michael Mankins）與艾瑞克‧加頓（Eric Garton）在他們的著作《時間、人才、活力》（*Time, Talent, Energy*）中所提出的研究報告，受到感召的員工，生產力將會大增。[5] 企業的使命、直屬的主管，以及參與一個生產力佳的敏捷團隊，都是可以感召人心的。

績效管理的重點要放在改善上

敏捷團隊會為自己訂定明確的目標。在追求目標的過程中，他們會努力了解，哪些事項推動得很順利，哪些事項不順利。意見回饋應該要鼓勵這樣的學習，這樣未來才能改善成果。不能只是談獎酬而已。一旦績效管理太過聚焦於獎賞，討論就變質了。如果主管們知道自己給的意見可能會影響到人家的獎酬，在給意見回饋時就會覺得綁手綁腳的。博

世電動工具過去和很多公司一樣，都是在每年的績效評估時，才給予員工一年一次的意見回饋。但隨著該部門進化為敏捷企業，大家發展出一些工具，可以用來經常給予每個團隊意見回饋。「這樣的意見回饋正促成大家可以彈性調整自己的行動與態度，」部門執行長漢可‧貝克（Henk Becker）向我們透露。[6]

落實動態資源配置，提供吸引人的職涯路徑

敏捷企業會簡化職階的基礎架構——職銜、階層以及給薪等級——尤其是在那些最可能提供人力給敏捷團隊的專業部門裡。所以，有些公司可能得要發展走專家路線的職涯軌道。團隊必須要能夠輕鬆描述自己要什麼資源，還要能參與挑人。「先前，人資部和老闆都會參與挑人，」貝克說。「但現在我們組團隊的時候，是跨專業、跨階層地在挑人。團隊裡應該要投個票看看，他們要不要這種老闆，主要從老闆的能力與個性上來看。」[7]

員工應該要有能力在未升遷的狀態下成長，而他們的職銜應該要設成對全公司上下都有意義。貝克說，在博世電動工具，「職涯是不一樣的，我們有專業角色、卓越角色、事業負責人等。我們也創建了一些新角色，這讓員工有機會可

以形塑出 T 字型的個人檔案。一方面，他們具備夠深入的專業能力（譯注：即 T 這個字母往下的那一筆）；另一方面，他們又像 T 的頂部那一筆一樣，整個價值鏈都有他們的貢獻在。」成為敏捷大師（或 Scrum 大師），也是在博世可以選擇的新發展機會。

提供創造團隊效率的工具

　　博世電動工具正在測試各種管理工具，希望幫助敏捷團隊更成功。例如，該部門有一種叫個人發展討論（Individual Development Discussions, IDD）的工具，員工可以利用這項工具，邀請同事們給他意見回饋。過去，意見都是來自於其他領域或專業的人，但現在已經有一些團隊利用這個東西，向每天和他們合作的人收集意見回饋。「愈來愈多人開始尋求意見回饋，」該部門一位人資專員安妮‧里斯（Anne Lis）表示[8]。電動工具部也會贊助團隊目標工作坊（team target workshop）的活動，團隊成員根據領導者對財務成果的預期（輸入），開會決定團隊自己的集體目標。他們會定義需要什麼能力才能實現那些財務目標，並決定自己必須做什麼，才能取得那些能力。議程可以由敏捷大師、人資部的人員，或是其中一名團隊成員來主持。

獎酬團隊合作

　　企業可以考慮提供四個層次的獎酬：個人層次、團隊層次、團隊的團隊層次，以及全公司層次。敏捷企業給予的獎酬，會聚焦於兩個層面：一是個人給組織帶來的價值，二是個人所屬團隊的集體成就。基本薪酬可以看市場行情，但激勵性獎酬，幾乎都是必須根據團體或全公司的集體表現而給予。隨著員工晉升並擔負更大的責任，公司層次的獎酬所占比率會增加。

　　較資淺的員工，可能會因為個人或團隊的成果得到獎酬；較資深的員工，其獎酬就可能是多重來源的混合，來自個人、團隊的團隊，以及全公司等層次的成果。當然，獎酬永遠必須搭配員工所處的情境來看；獎酬的給予，是根據企業想要鼓勵的文化、價值以及行為而定。

　　微軟公司在2000年代初期的績效管理與獎酬方式惡名昭彰，足堪為負面教材。這家軟體巨擘有很多年都是使用一套「強迫排名」（stack ranking）系統，做為其績效評估模式的一部分。根據曼金斯與艾瑞克・加頓的調查報告，這套系統是在固定的期間裡，「將任一團隊中一定百分比的成員，分別評為『優秀』、『好』、『一般』、『低於一般』，或是『糟糕』等五個等級，無視於該團隊的整體績效之好壞。」[9]由於

獎酬與員工的績效評比直接掛勾，格外優秀的員工，就會避免和其他優秀員工加入同一團隊，因為這樣自己的績效評比與獎酬，會有因而變差的風險。這個內部競爭系統形同是在鼓勵大家不要團隊合作，對於生產力的影響可想而知。「OS X 對蘋果電腦來說是帶來革命性改變的作業系統，但從開發、除錯到能夠部署，只花了 600 個工程師不到兩年的時間。但相對的，微軟視窗 Vista 作業系統，從開發、除錯到可以部署，卻用上多達 10,000 名的工程師，花了五年以上的時間，但到最後還是慘遭下架。」[10] 雙方在生產力上的四十倍差距，至少有一部分是來自於蘋果強調根據團隊給予獎酬，但微軟卻是採用只看個人表現的強迫排名系統。

———————

在設計一個健全的營運模式時，有很多事要考量到，包括整合組織結構、責任歸屬與決策權、管理體系、工作方式、人才管理的實務做法等等。只要能做得好，將可打造出受到使命啟發的跨組織團隊，無論是負責經營公司的團隊，還是為公司帶來改變的團隊，都是如此。一開始，你可能不會有所有問題的答案。但沒關係，因為一開始就有答案，那才奇怪呢。

本章五大重點

1. 組織如何健全運作——也就是它的營運模式——會比它的正式結構本身來得重要得多。想打破穀倉與階層，光靠改變結構是不夠的。

2. 在適切的事業定義下，想像未來的營運模式，以設計出在策略上有意義的事業單位與損益。敏捷團隊會分散在組織各處。基本上，把團隊配置在接近創新應用之處，會比配置在接近其他敏捷團隊，要來得重要。

3. 決定你要建立吸引力與打造動能的速度。執行順序排程必須包括營運模式中的所有元素在內——誰該負什麼責、誰握有決策權、管理體系、領導與文化、人才管理的實務做法等等。

4. 持續回頭檢視自己的人才策略，要體認到雖然你還是會需要一些新人才，但未來組織所需要的人才，絕大多數已經在組織裡了。這是一件好事。

5. 公司的人才體系，需要相當程度的努力才能建立，要盡早著手，讓人力資源成為變革過程中的重要夥伴。

第7章

敏捷的流程與技術

　　2013年下半年，當羅斯・麥尤恩（Ross McEwan）成為
蘇格蘭皇家銀行（RBS, Royal Bank of Scotland）的執行長
時，籌劃了一個大膽的計畫。從他上任開始，好好服務顧
客，將是RBS的核心宗旨，力求在顧客服務、顧客信任與維
護顧客利益等層面，成為業界的第一把交椅。而RBS核心價
值──像是大家都要像同一個團隊的成員般合作無間，以及
永遠都要正直行事──則是在背後支持著與反映出這樣的野
心。幾個月後，麥尤恩任命萊斯・馬得勝（Les Matheson）
擔任RBS個人與企業金融部門（Personal and Business
Banking division）的執行長，負責在接下來的三年中，把該
銀行的家庭房貸事業，打造為全英國的前三大，並且在顧客
服務、顧客推薦，以及成本結構方面，都要有所改善。

但在那個時候,他們正面臨比過去更強烈的逆風。市場需求下滑,利潤也下滑。更懂得運用技術的新競爭對手接連出現,包括 Trussle 這種成長快速的數位貸款經紀公司,以及 Habito 這樣的金融科技公司。為面對這些挑戰,開啟新的成長機會,馬得勝首先從 RBS 的核心宗旨「妥善服務顧客」著手。他認為,若能利用高品質的顧客體驗,把 RBS 的傳統房貸事業改造為數位購屋擁屋事業,將可提供更好的服務給房貸顧客。

馬得勝深信,設法滿足顧客的潛在需求,最能夠讓事業成功。這樣的信念,來自於他昔日的第一份工作。他的職涯開始於寶僑(P & G)的品牌管理部門,當時該公司的核心宗旨就是了解顧客,以及做好送貨服務。但在他所承擔的任務,打造數位擁屋事業中,他面臨到三大阻礙。其一是我們在第五章討論過的預算編制流程。另一個障礙也在第五章提過,就是比較基於公司的內部考量(像是專注在金融商品),而非基於顧客相關考量的組織結構。第三個阻礙是 RBS 那缺乏彈性的程序、系統,以及數據。例如,馬得勝曾經花了好幾年的時間嘗試過,想要用無紙化的方式,把銀行複雜的房貸申請流程取代掉(它平均得用掉66張紙)。這項創新需要多個部門配合調整流程,但這些部門多數都不習慣

與人合作。此外，也有一系列的系統必須做調整，但它們彼此之間有很多都在爭奪軟體開發資源。這些困難加在一起，導致了事業單位、資訊技術（IT）部門與要變革的組織之間，以一種相互孤立的方式在共事。

馬得勝知道，如果大家都繼續以同樣方式行事，他絕不可能實現他的願景。最根本的問題是，他覺得銀行應該從開發及銷售金融商品，轉為服務顧客的財務需求。他先是組了七個跨部門小團隊，聚焦於七種不同的旅程，分別處理一種顧客需求，包括「申請房貸」這樣的大型複雜旅程、「回報與管理詐欺」這樣的中型旅程，以及「更換信用卡」這樣的小型旅程。馬得勝觀察這些團隊的運作後，學到兩件重要的事。第一，他發現與購屋擁屋相關的旅程，似乎最有潛力提供更有價值的服務給顧客，所以他決定先專注於這個層面。第二，他意識到，光是組成跨部門團隊，再分派任務給它們，是不夠的。他已經從銀行內外的同事那裡，耳聞到敏捷創新好一陣子了，也體會到更廣泛的敏捷實務做法，可以讓這些團隊更有效率，也更能維持成功。在進一步深入研究之後，他決定要推動聚焦於顧客的敏捷轉型，由房貸事業打頭陣。

馬得勝為了實現此一目標而建立的領導團隊，開始運作

了。團隊成員一開始用的手法是所謂「以人為中心的設計」，藉以發展出聚焦於顧客的「北極星」（North Star）——也就是關於「顧客認為金融服務供應商的何種體驗與效益最有價值」的願景——來引領創新活動。在一些訪談當中，公司代表曾經明確表示，「北極星」的兩個元素是：「我認為銀行是把我和我需要的專家與工具連結起來的入口」，以及「我認為銀行能夠在我需要的時候，讓我更容易以數位方式找到、買到，以及管理我的房產」[1]。

接著，該團隊開發出一個把所有關鍵顧客體驗，與各個體驗的事業目標都包括在內的結構。房貸的申請是其中一項體驗；事業目標包括：大幅減少顧客申請房貸，一直到銀行審核通過，所需花費的時間與心力。接著，領導團隊開始為這些體驗設置全心投入的跨部門敏捷團隊。此外，也安排了許多協助者，好讓這些團隊能夠更快速創新。例如，團隊成員是集中在同一地點辦公，能夠取得的預算是和事業成果綁定，而非和產品功能綁定。「我們新模式的核心，就是圍繞著顧客體驗做各種安排，」馬得勝告訴我們。「這樣的構想很獨特，讓跨部門團隊得以用顧客的角度，看待顧客和銀行的每一個互動。雖然也不是沒有嘗試過，但在我們過去那種以金融商品為焦點的部門別組織裡，是永遠沒辦法做到這一

點的。」[2]

　　由零售銀行的數位長法蘭斯・伍德斯（Frans Woelders）帶領的敏捷領導團隊，知道務必要達成令人印象深刻的成績，才能為敏捷轉型建立起動能。他們決定要先聚焦於一兩項最大型的機會就好，好讓所有事業單位與創新團隊能夠充滿熱情地相信，自己做得到。就大家對於敏捷群體的了解，當時，房貸申請體驗是最早設置永久性顧客旅程團隊的其中一個領域。在設計的願景中，房貸可以透過手機或電腦，在一個小時以內就完成申請。後續的討論（基於法規面的要求）會透過手機而非當面，銀行方面會在幾天內就通知申請人是否核准，不需要幾星期的時間。

　　團隊是由設計人員帶領，成員們會進行顧客調查，以獲得意見回饋。接著，團隊裡具有營運與顧客服務背景的人，會設計以數位及以人為本的新流程，以創造出顧客想要的體驗；團隊的軟體工程師們，則由資料工程師與資料分析師協助，在確保能夠持續取得準確數據的情形下，負責為這些新流程把程式寫出來。團隊成員們會在每兩週的衝刺期裡完成所有這些步驟，並在每一個衝刺期結束時獲取顧客的意見回饋。一開始，顧客們只會看到一部分原型，接下來才會看到完整原型，最後是完工的產品系統。敏捷團隊中來自營運部

門的成員，會在新的流程中帶領大家接受擔任貸款申請顧問的訓練，在新的申請方式還只是小規模開放時訓練一小批人，再在正式全面開放前訓練好所有人。「讓商業與技術人員在同一個團隊共事，是計畫成功的基本條件，」伍德斯向我們透露，「如果讓這兩個群體分開做事，即使有再好的溝通協調，依然無法做出在速度與品質上貼近我們要求的東西。以購屋擁屋為起點後，現在我們在所有顧客事業領域，都已經運用這套新方式工作。」[3]

　　為了讓房貸申請團隊與其他旅程團隊達到這種水準的成功與速度，RBS還安排了一些其他的敏捷促成者。該公司執行了我們在第五章討論到的，在預算編製、撥款以及治理上的改變，還增加了以團隊為對象的績效評核標準。該公司也實施了一些從我們第二章討論過的「大規模敏捷框架」（Scaled Agile Framework, SAFe）中挑選出來的實務做法，來管理各個系統與這些系統所服務的諸多旅程團隊之間的相依性。

　　隨著組織的敏捷能力提升，成果也提升了。採用敏捷讓這家個人銀行的購屋擁屋事業確實提升了創新的速度。該銀行推出了英國第一個無紙房貸申請服務；目前已經有九成都是來自於無紙化申請。透過數位管道申請的房貸轉換，2017

年上半年時占34%，但一年後成長到約莫60%。從申請到審
核通過的平均時間，從23天縮減到11天。這些創新，幫助
了RBS從申請新房貸的顧客那裡，拿到了在市場上居於領先
的淨推薦值（Net Promoter score, NPS）。當我們寫到這裡
時，房貸申請的團隊依然還存在，也會努力繼續改善其流
程。他們的目標是繼續減少顧客申請房貸所需的心力與批准
時間，以及繼續領先那些能力也愈來愈強的競爭者，這自不
在話下。與此同時，在購屋擁屋事業上的成功，也協助了該
銀行建立起更廣泛的對於敏捷工作方式的承諾，乃至於在全
銀行上下導入敏捷。

流程與技術的挑戰

　　這本書讀到這裡，對於敏捷如何能夠協助公司設計出色
的顧客解決方案，也就是所提供的商品或服務，能夠具有顧
客或商業買家重視的價值，各位應該已經有點概念了。但每
項服務與每樣商品，都不能沒有流程，也就是企業製造與傳
遞這些產品的步驟與程序。而這些流程，幾乎也都需要技術
的支持，主要就是軟體。

　　但對大多數公司來說，在追求更好的顧客解決方案時，

既有的流程與技術都是阻力,而不是助力。想想RBS的出發點:其繁瑣的流程與系統,導致提供給顧客的服務並不是那麼好。這是很常見的狀況。例如,一家公司的地區辦公室或事業單位之間,做事的方法可能非常不同,使得整合與訓練變得很困難或不可能。沒有人願意這樣,但這只是多年下來數千個由不同人所做的小決策所導致的結果。或者,一家公司可能進行了多次併購,但從未有效把併購的單位整合進來,徒留許多互不相同、未達最佳化水準的系統繼續運作。同樣的,公司員工必須面對的流程與技術,就可能帶來挫折感與欠缺效率。

令人難過的是,IT部門,以及它所開發的軟體,就是以製造這種困難而惡名昭彰。有些公司的共同問題是,狠砸了數百萬美元來量身打造軟體,卻不知道現成的標準解決方案就能滿足它們的需求。它們是以傳統的瀑布法開發軟體,所有需求都已事先提出,做出來的軟體無可避免地充滿沒人要用的功能。其所製造出的複雜度,需要人員花極大的心力來維護。許多IT部門,都被希望修改系統或開發新產品的要求所塞爆,以致於連檯面下的「影子IT」(譯注:是指IT部門以外的單位,未經公司許可,自己私下找尋或使用的非正式產品或服務)都冒出來了:不耐久候的高階主管們,就會再成

立自己專屬、迷你的 IT 部門，或是找外面的供應商幫忙。當然，這樣的做法只是把事情複雜化而已，平白又增加了不必要的各種流程、系統，以及技術標準。

官僚體制之所以是官僚體制，就是因為堅持繼續使用既有的流程與技術，能用多久就用多久。但在大多數狀況下，都真的是太久了。畢竟，要改變流程與技術，成本是很高的。這些改變會影響到公司的日常業務，而且改變的結果可能影響不大——至少在官僚思維裡是這麼想的。當然，當事態已經變得太糟糕或代價太大，高階團隊最後還是會決定，是時候該變革了。他們會關起門來決定新流程與系統的規格與預算，再要求部屬負責執行出來。這些組織會有慢性失衡的問題，要嘛就停滯不動，要嘛就想到的時候來一下無效的改變，在二者之間切換。

正如我們在 RBS 身上看到的，打算踏上敏捷旅程的公司，辦起事情來就會不一樣。他們知道，顧客解決方案必須由顧客需求所驅動。他們知道，這些解決方案決定了流程的樣貌，而技術應該要能夠支持流程，並讓流程自動化（見圖表 7-1）。敏捷實務工作者也知道，解決方案、流程與技術，必須隨著顧客需求的改變而持續修正。他們相信，當「要提供什麼」或「要怎麼提供」不夠清楚，或是二者都很模糊而

圖表7-1

用機會的分類把三個元素串起來

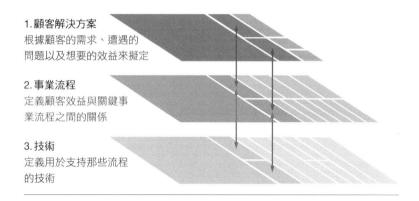

1.顧客解決方案
根據顧客的需求、遭遇的
問題以及想要的效益來擬定

2.事業流程
定義顧客效益與關鍵事
業流程之間的關係

3.技術
定義用於支持那些流程
的技術

不可預測時——這正是處理顧客需求時的常見情形——要發展出具創新性的解決方案，敏捷團隊會是最適合的工具。他們知道，創新與營運團隊必須密切合作，有些狀況下甚至應該合而為一。

我們會在本章中探索流程與技術的創新，看看它們是如何在背後支持著打造出在業界居領導地位的解決方案。本章主要針對的是與服務相關的解決方案背後的流程與系統，而非實體產品——但它也涵蓋了在背後支持著實體產品的服務。

從顧客解決方案往回作業

　　和其他敏捷團隊一樣，負責流程與技術創新的解決方案團隊，必須聚焦在顧客身上。有時候，相關的顧客是內部的。但就算是這樣，把由這些內部顧客所服務的外部顧客的需求也納入考量，也很重要。像是IT或財務這樣的部門，往往會本能地聚焦於部門內部，而非要服務的顧客之需求——這也是很多IT部門之所以名聲不好的原因。這些領域的創新，反映出來的常常是軟體工程師或財務專員自以為重要的東西，而非顧客認為最有價值的東西。相對的，負責改變流程與系統的敏捷團隊，就會把顧客解決方案、流程以及技術創新，看成是敏捷產品。從顧客端往回作業（working backward）的目的在於，要確保所有的創新都能符合顧客需求，而且要盡可能精簡又有效。

　　起始點應該永遠都是解決方案——創造出特定的顧客體驗，例如申請房貸；或是發展出特定的企業能力（capability），例如驗證顧客提出的所得與資產資料。要定義解決方案，顧客體驗通常是比較好的工具，因為要把顧客的體驗連結到他們認為有價值的事情上，基本上是最容易的。但在某些情況下，企業能力會是比較好的解決方案構想。例如當一種能力

可以涵蓋多種顧客體驗，或是用體驗來設計解決方案會很不切實際的時候。體驗與能力往往都是跨功能、跨部門的，所以最有效的團隊，就是從所有涉及的單位找人來組成。如果解決方案大到需要多個團隊才能處理，公司可以把解決方案拆分成多個模組，讓每個團隊可以各自找顧客測試不同選項，在相對獨立的狀況下運作，也讓所有團隊保有最大的控制權與最快的速度。

我們曾經在第二章介紹過，把相關的解決方案分類好，再建置敏捷團隊的好處。對於驅動流程與技術的解決方案來說，同樣適用。例如，美國一家領導性的醫療保險公司，發展出一套根據五種產品組合的分類法：保險計畫會員、業主、醫療服務供應商、福利經紀人（benefits broker），以及員工。每一種組合都有一個負責人，扮演首席產品經理的角色，為服務該組合的所有體驗與能力負責。但有少數能力是跨組合的，像是客訴處理，就由首席能力負責人來帶領。像這樣的結構，不但讓公司可以為需要動用到「團隊的團隊」的大型解決方案建立路線圖，也有助於管理團隊之間的相依性。

顧客解決方案、流程與技術上的改變，都是有高度相依性的。所以在這些領域負責創新的團隊，常會取得授權可以同時調整這三項。如果任務大到一個團隊吃不下來，那就由

多個團隊密切合作。此外，如同我們在第五章提過的，大多
數公司發現，在解決方案的創新上，永久性的團隊比專案團
隊還要有效率。

　　從實驗中學習，對敏捷創新來說是很基本的。但如果顧
客解決方案是以流程與技術為基礎，那麼要做創新實驗，就
會面臨到一些挑戰。官僚體制會力求能有明確穩定而可預測
的營運。大多數傳統的營運單位，在設計上本來就不是要用
來在流程上，頻繁做出小幅度的變動。傳統的IT單位也是一
樣，他們不願意輕易在系統的功能上，頻繁地做出小幅度的
變動。還有更重大的議題要面對。很多公司，特別是在受管
制的產業裡，在任何人要改變流程或技術之前，都要先通過
冗長而複雜的程序。這種公司往往缺乏設計測試與衡量結果
所需的分析與技術能力，好讓學習最大化。高階主管與管理
者們，也常會表達他們的關切：萬一測試出了什麼差錯，可
能會嚴重危及和顧客的關係。

　　以下就來深入探討一下這些挑戰。

流程創新

　　RBS知道，顧客解決方案的改變，應該會驅動流程的改

變。例如，和負責評估書面房貸資料的貸款顧問比起來，一個負責評估數位房貸申請案件中資訊準確性的貸款顧問，工作的方式肯定大不相同。因此，在導入數位房貸申請服務的時候，銀行必須為房貸顧問重新設計作業流程。

所以，敏捷團隊該如何進行流程創新？從某些角度來看，流程創新和任何其他敏捷創新很相似。以顧客為起點，往回作業，以漸進、迭代的方式解決他們的需求。這需要的是：得到授權、擁有多種專業的團隊。但從其他角度來看，流程的創新又涉及較高的複雜度。企業發現，有兩種流程創新的方式格外有用。

把營運功能設計成模組化的能力

現今的軟體系統，基本上都是建置為微服務（microservice）的型態——具功能性的小型模組化單元，有著清楚定義的介面。任何一個系統開發人員，只要知道某項微服務所展現的功能，以及了解其介面，就能夠加以利用。系統的營運能力，也可以用同樣的方法來設計。例如，系統裡的「商辦」功能，可以設計為輸入「必須容納的人數」、「這些人的工作類型」、「地段需求」等參數，再據以受理任務，為這些需求規格找出合適的空間，並完成簽約。像這樣

的模組化安排，讓敏捷團隊既可以改善能力的功能性，又不必擔心會影響到組織裡的其他部分。

鼓勵內部能力到開放市場中去競爭

正如外部顧客可以選擇要找哪家公司購買商品與服務一樣，內部能力也可以用一種方法來判定它是否真的有世界級水準，就是讓公司裡的其他部門，也可以選擇採用提供同樣服務的外部供應商。這就需要能力與能力之間，設計成能夠以模組化的方式彼此配合。在商辦的例子裡，可以請外部供應商來提供服務，公司可以比較雙方的成效。有些公司更進一步，還鼓勵內部能力可以到外面自我行銷。亞馬遜網路服務（Amazon Web Service, AWS）就是最為人熟知的例子（第八章對AWS會有更多探討）。若是在公司外部獲得商業上的成功，可以說就代表它具有世界級的能力。這可以吸引到寶貴的資金與學習機會，讓這能力繼續提升下去。

如果你身處於流程創新團隊之中，你還會發現其他的差異。你的主要顧客，或許會是以取悅外部顧客為工作內容的內部顧客。你可能會需要和雙方都合作。RBS的房貸申請團隊，就收到了來自內部房貸顧問與外部申請房貸的顧客雙方

面的資訊。或者,你正在建立的能力也可能是要提供給多個內部顧客使用的。你可能得為每一個顧客部門量身打造解決方案,否則就得要進行痛苦的功能取捨。某家在全球設有50家工廠的工業設備製造商,在升級供應鏈系統時,可能必須因應各地區而採用略有不同的生產流程,即便當時該公司正在推動更高程度的標準化。敏捷流程創新往往很吃技術。想要找到在商業與技術上具備必要技能的人才,依然是很大的挑戰,尤其是產品負責人。你得找到特定的人才與團隊才能成功。在為顧客旅程建立負責人大軍時,RBS就耗費許多力氣在內部找出兼具這兩種技能的人才,並培養他們學習其他技能。

另一個挑戰是如何管理與營運功能之間的連結。要改變原本就是為求穩定而設計的東西,是很困難的。必須要找出有效的方法,讓更好的點子可以從營運單位流入負責流程與技術創新的團隊,反過來,這些團隊發展出來的創新,也要可以在營運單位執行。對此,公司有很多技巧可以用。可以從要推動創新的營運單位找人來擔任產品負責人,既提供團隊相關的實務知識,也提升團隊的信譽。來自營運單位的經理人與第一線員工代表,可以用關鍵利害關係人的身分,參與衝刺期的評核。產品負責人可以主張,只要有必要,就要

花夠多的時間，和這些第一線代表討論改善的點子以及原型；有些可能會被指派去和創新團隊密切合作，以推動試行的變革。應該讓營運人員可以透過自動化系統提出點子，但必須要有專員做後續跟催。另外，包括創新團隊與營運團隊都一樣，每個人都應該使用同一套商業指標，像是營收成長、營運成本、可靠度，或是淨推薦值，以獲得正確的激勵。我們在第六章提出的建議就是如此，把創新團隊設在要服務的組織單位裡，可以進一步確保營運單位更願意接受改變。

技術創新

敏捷通常在技術創新者之間散播得最快，尤其是軟體工程師。為什麼敏捷用在軟體開發上會這麼有效呢？因為通常要解決的問題很複雜，且一開始也看不出解決方案的樣貌。產品的需求很可能會改變。它的作業可以模組化，也可以分段逐步完成。與終端用戶之間的密切合作（以及從他們身上快速得到意見回饋）是可能的。測試可以自動化進行。傳統做法（瀑布法）的成功率很低。但是，創新成功的價值很高，因為數位解決方案對顧客越來越重要了。

我們看過很多組織設置了許多敏捷技術團隊，但我們比較少看到敏捷技術組織（agile technology organization）。技術部門通常已廣泛採用敏捷軟體開發手法，但大多數都無法涵蓋到企業流程與顧客解決方案所需要的變革。這令人失望的落差，一部分原因現在聽起來還滿耳熟的，就是：沒有從顧客端回推，以決定究竟要打造什麼；採取由上而下、一次全部到位的命令式做法，導致對敏捷最佳實務做法的接納度不足，也缺乏一致性；高談闊論敏捷，但是自己的管理風格卻沒改；僵化、緩慢而冗長的預算規劃與評核；導致敏捷的價值降低的薪酬、晉升等人事政策。但除此之外，在軟體開發上，還有更多會產生影響的因素：

- **基礎架構**（Architecture）。這是最重要的因素之一。無論基礎架構如何，敏捷軟體開發的成果都會比傳統開發方式來得好，但單體式（monolithic）系統可能會大幅抵消二者間的落差。如果不去處理基礎架構問題，敏捷的成果可能會持續讓人覺得乏善可陳。

- **過度專業化**（Excessive specialization）。軟體工程師的技能往往高度專業化。我們通常會建議，敏捷團隊就專注於解決顧客問題上，可能的話，就一起待著

幾個月到幾年的時間。但技術與技術之間同質性低，就意味著一個負責複雜的顧客經驗的團隊，處理待辦清單時所需的技能，可能會五花八門。如果工程師們太過專業化，最後他們組成的團隊會變得過於龐大，或是必須經常替換成員。

* **各部門自己的穀倉**（Departmental silo）。傳統上，是由不同的 IT 單位來負責不同的工作：軟體開發、系統維護、支援、IT 營運，以及資安。在某些產業裡，還會牽涉到更多單位，像是法務或法令遵循（compliance）。每一個這樣的群體都在它自己的穀倉裡運作，負責滿足不同目的。它們之間常會彼此意見不合，導致進度慢得可以。在敏捷技術組織裡，所有這些功能都是由混成的敏捷團隊提供的。

如果是純粹的數位產品，因為就定義上不會牽涉到實體作業，流程也都完全寫在軟體裡，敏捷團隊是可以端對端為整個產品負責。這些團隊基本上都結合了創新與營運功能在內。由於不需要再重新訓練員工引進流程改變，數位產品可以創新得更快速。這些特質說明了為什麼敏捷的實務做法，在谷歌、臉書、推特與 Spotify 等數位原生企業裡，是那麼的

常見。但其他公司也同樣深受敏捷軟體開發的好處所吸引。從傳統軟體開發手法，改為採用成熟的敏捷團隊，基本上可以讓生產力與軟體的上市速度，改善至少三倍。這樣的改善可以追溯到很長一串的正面效應上，包括：減少設計決策與核可的等待時間；不用像過去一樣花那麼多時間打造商業案例再等待撥款；自動化的 IT 相關工作，像是功能性與安全性測試；其他單位一度提供過的東西可以再自動提供出來，像是提供開發環境；藉由端到端為產品生命周期負責，建立齊一的激勵措施。但除了這些好處外，更重要的當然是敏捷團隊能夠打造出對顧客以及事業來說最有價值的功能。顧客不覺得有價值的功能，他們基本上不會浪費時間去做。

RBS 的「房屋代理人」（Home Agent）功能，就是純數位顧客解決方案的例子。它是該銀行實施支援顧客購屋擁屋策略的關鍵功能之一，不是只有貸款給顧客而已。「房屋代理人」功能讓顧客只要透過自己的手機就能完成許多擁屋相關活動，包括為購買新屋設定預算、住房貸款與增貸、住家整修規劃與融資，以及追蹤房屋淨值等等。由於所組的敏捷團隊都集合了與洞察顧客需求、軟體開發以及第三方夥伴合作等必要技能在內，RBS 在四個月以內，就開發出第一版的房屋代理人。如果用過去的方式，這種複雜度與品質的顧客

解決方案，得花上至少三倍的時間——如果舊方法真的打造得出來的話。

　　軟體開發很有挑戰性，像 RBS 這樣的傳統組織，如果想要得到實施敏捷所帶來的好處，會需要做範圍很廣泛的改變，而且超出我們針對其他用途提過的原則與實務做法的範圍。要想完全滿足有效的敏捷軟體開發所需要的條件，已超出本書談論的範圍。但其中一些滿足的方式前面已經提過，或是已經列在下面。讀者們可以到網站 bain.com/doing-agile-right 上再找到一些其他的方法（也會有更完整的解釋），包括：

- 模組化的基礎架構，讓每一個敏捷團隊可以在寫程式時，把和其他團隊間的互依性降到最低。

- 改善工程的實務做法，升級技術人才，基本上必須針對第一線員工與領導團隊，都進行廣泛的技術性訓練與教練（coaching），還得選擇性地雇用一些人，以補足（有時是替換）既有人力。

- 整併待辦清單，每個敏捷團隊都要負責產品開發、維護與支援的相關工作。這種端到端的當責方式，可以促進團隊負起更全面的責任，也會比把這三個活動拆

分給兩三個不同團隊處理，要來得有效率。

- 要運用DevSecOps的工具與實務做法，讓敏捷軟體開發團隊可以迅速而安全地完成把軟體從開發移至生產的大多數工作。

- 新的IT服務供應商模型，往往會涉及從交付項目固定轉變為（敏捷團隊的）能力固定，還必須承諾團隊成員的流動率要低。

- 修改團隊配置策略，允許更大規模的集中配置，升級人力。

- 促進支援與控制部門轉型，在完成自己部門工作的同時，也要讓敏捷開發團隊能夠順暢作業。這裡有個關鍵，就是把這些部門的行事方式，從「敏捷團隊已經造成事實後，自己再幫忙修正工作成果」，轉換為「去教練敏捷開發團隊，打從一開始就做出合規的東西」。

軟體開發尤其適合擴大實施敏捷時的一項關鍵要求：把大型任務拆解為模組化的元件，再重新把工作流無縫整合起來。亞馬遜之所以每天能夠部署軟體幾千次，部分原因在於其IT基礎架構在設計上就是要協助開發人員快速而頻繁的釋

出軟體，又不會影響到該公司的複雜系統。相對的，很多大公司就受限於缺乏彈性的基礎架構：無論寫程式的速度多快，每週或每月只能部署軟體幾次。

對很多仰賴傳統單體式系統的大公司而言，亞馬遜那樣的模組化基礎架構，似乎是難以跨越的門檻。但其實是做得到的，只要運用同樣一套我們在本書裡一直在談的，聚焦於顧客的敏捷原則就行。一小步一小步將系統現代化，根據能夠為顧客帶來的效益高低，為每個步驟排序，再運用本章傳授的敏捷開發方式，就能讓整個旅程更快速、更負擔得起，也更安全。

敏捷大戰

再多談一下技術。敏捷有數十種手法，每一種都有它的熱情粉絲群。問題就在於，當同一家公司裡的不同族群在擴大實施的階段採行了不同的敏捷宗派，要把它們整合在一起就會更加困難。它們會發展出自己的習慣行為，會仇視其他的架構，會誇大自己手法的優點。這樣的過程不但會造成困擾，事實上也會在原本理當要共同打造均衡和諧的企業體系的同事之間，製造出敵意。這樣的爭執最白熱化的地方是在

敏捷、精實（lean）以及產品管理（product management）手法的支持者之間。我們還看過爭執差點升級為拳腳相向的。我們確實意識到，任何試圖勸架的人往往會是那個在過程中挨揍的人，但我不入地獄誰入地獄，還是得為混亂的場面注入一些理智。所以看看我們以下的說明吧。

精實（lean）是困擾的一大來源，因為有兩種差異很大的手法都用到這個詞：「精實生產系統」（lean production system；又稱「精實六標準差」〔Lean Six Sigma〕），以及「精實產品開發」（lean product development；又稱「精實創業」〔lean start-up〕）。

精實生產系統是用於經營事業的工具，是用來改善營運的品質與效能：它可以促進產品符合規格、把變異性（variability）降到最低、減少浪費。精實六標準差要求，在每百萬個產出裡，最多只能有3.4個品質不良。它提升效能的方式是持續減少八種浪費（不良品、過度生產、等候、人力未充分利用、搬運、存貨、動作、過度加工）[4]。我們高度推薦採用精實生產手法來改善營運，但並不推薦用這些手法來管理創新。創新本來就需要變異性——甚至要犧牲一些效率——才能夠測試、學習與進化。有些精實的熱情支持者一直認為要用六標準差來做創新，但研究顯示，組織文化愈是

擅長去除變異性，創新就做得愈糟[5]。

　　精實創業與產品管理（product management）都是可用於敏捷創新的方法。精實創業知名的是它頗為普及，以及奇異公司（GE）眾所周知的採用這套方法[6]。它結合了精實原則、設計思考與敏捷手法，像是成功的新創公司那樣去推動連續創新[7]。而產品管理，則是鼓勵技術開發者視自己為負責開發出可獲利產品、又能解決顧客的重要困擾的產品經理或品牌經理，而非只是把事先決定好的功能做出來就好的專案管理者。如果產品管理聽起來很像其他一些敏捷手法，那是因為真的很相似。但還是有兩個重要的差異，值得一提。第一個差異是，敏捷會在所有創新活動中運用相同的手法，但產品管理會專注於有技術做後盾的產品上。第二個差異是，產品管理的支持者認為，敏捷團隊的產品負責人大多只是負責管理待辦清單而已，並非扮演有如實質執行長的角色。他們並不為所開發的產品負全責；他們並不了解完整的市場全貌、真正的顧客需求、競爭者定位，或是複雜的取捨背後所代表的財務意義。他們也並不會部署永久性的團隊來負責設計與擴大實施有賺頭的解決方案[8]。

　　這些差異感覺上沒那麼重要，產品管理也確實有助於實施敏捷。但是所引發的困惑、衝突以及效能低落，卻可能出

乎意料的多。有些擁護者主張，所有產品管理團隊都應該是常設的，公司永遠不應該設置臨時性的團隊，來和緊急的短期問題作戰。有些組織會再多安插一個策略性產品管理的層級，來負責監督敏捷的產品負責人，而非去闡明與升級產品負責人的工作內容。有時候，狂熱支持者會主張，產品管理團隊只負責與技術相關的活動，技術創新與非技術創新應該使用不同的職銜、術語，以及訓練計畫。根據我們的經驗，如果希望創造出比較好的成果，就應該要調和敏捷手法與產品管理手法，發展出符合企業文化、能夠在全公司分享的一致性做法，而非促進兩種手法之間的對立衝突。

要想打造出顧客重視、具成本效益的解決方案，核心在於優良的流程與技術。再者，可用於自動化與改善流程的技術，像是「機器人流程自動化」與「機器學習」，成長的速度也愈來愈快。但許多公司採納這些技術的速度都很慢。本章提及的技巧，應該能夠幫助企業突破這些障礙。

本章五大重點

1. 敏捷是用來創新的，但創新不是只有為顧客創造新產

品與服務而已。若要改善產出這些產品與服務的企業流程，或是改善促成這些企業流程的技術，敏捷手法也一樣好用。

2. 由於可信度與效能對企業流程與技術而言很重要，官僚體制會盡可能讓變異度與改變最小化。敏捷手法也鼓勵嚴格遵守標準作業程序，但還是會經常創新，以改善這些程序，而且還要確保新程序已被接受，已經包含在訓練之中，而且已經妥善執行。

3. 永久性、跨功能的敏捷團隊，是用於改善企業流程與技術的最佳方法。這些團隊獲取經驗，也贏得營運部門的信任後，不但開發能力變好，營運部門的接受速度也會變快。

4. 為企業流程與技術設置的敏捷團隊，和那些為外部顧客開發產品與服務的敏捷團隊一樣，必須以顧客為中心。有時候，它們的創新，可以直接促進顧客體驗的提升。有時，它們的顧客，是工作績效對改善顧客體驗至關重要的內部顧客。

5. 很多公司都設有大量的敏捷技術團隊，但很少有公司能夠稱得上是敏捷技術組織。原因包括，因為怕影響到敏捷團隊運作，而偏離最佳實務做法，以及一些軟

體上特有的因素。要克服這些因素，必須讓基礎架構更加模組化，協助工程師學會更多技能，以及打破IT部門裡裡外外的各個穀倉。

第8章

把敏捷做對

當我們開始著手寫這本書時，曾經問過彼此，希望讀者在讀過這本書後，在行為上和過去有什麼不同？我們想要解決顧客的什麼問題呢？畢竟，在公共領域裡，已經有無數探討敏捷的書籍、文章，以及部落格了。有什麼理由這個世界還需要再多這麼一本？

答案很簡單，我們真的希望敏捷成為一種有價值又實用的工具，而不是另一個令人感到挫敗的跟風事物。我們相信，敏捷的思維與做法，可以讓組織裡的成員變得比原本更快樂而成功。我們希望讀者們在五到十年後再回顧自己的敏捷轉型時，會感到很自豪與滿意，而不是丟臉與失望。我們關切的是，錯誤導入敏捷變成了一種時尚，進而弄髒了敏捷的整個概念。如果狂熱份子為了導正一種失衡的狀態，而把

鐘擺盪到完全相反的另一邊——或者如果獨裁主義者把它拿來當成另一根棍子,用於恫嚇人們,讓他們比過去更快速聽從命令的話——敏捷很快就會加入「品管圈」與「企業流程再造」的行列,進入那種只是一時流行的管理手法所構成的廢物堆之中。

眼前就有個廢物堆。過去27年來,敝公司收集了來自70餘國近15,000名高階主管坦率給予的意見回饋,以了解各種管理工具的實態。這可能是世界上針對此一議題最大量也為期最久的運行資料庫了。它也讓我們得以追蹤這些工具隨時間過去的熱門度與有效性。我們已看到像是知識管理、品管圈、企業流程再造,以及精實六標準差,都是很突然就熱門起來,但接著就退流行。當管理工具遭到過度吹捧,或是誤用在原本就不該用這些工具來處理的問題上時,最容易發生這種情形。滿意度跟不上使用者的成長速度,就像那支雪茄的老廣告,問觀眾「你是否愈抽愈多,但愈來愈沒有享受的感覺」一樣。到頭來,管理者會意識到,一時流行的管理工具並非萬靈丹,只會讓他們忽視事業中的其他層面而已,而分析師們現在也開始嘲笑那些天真的跟風者。一旦來到這個時點,特定管理工具的使用者,就會快速減少。

貝恩公司對於追蹤管理工具真相的堅持,已經證明對敏

捷大有幫助。附錄 C 中所列的研究，都支持著「敏捷並非一時流行」這個想法。我們自己和客戶接觸的經驗也是這樣。我們和幾個同事成立了「敏捷企業交流會」（Agile Enterprise Exchange），協助高階主管們坦率分享來自於自己親身體驗的見解。該交流會的運作遵照「查塔姆宮守則」（Chatham House Rule；譯注：即對外可引述資訊，但不能提及發言者身分及其所屬機關），有來自多種產業、地理區域與企業部門的四十多位高階主管，彼此同意定期聚會，並持續保持聯繫，在會中公開分享自己對於成功與挑戰的見解[1]。這個交流會也幫忙推了敏捷一把，讓它成為一個有價值又能夠維持下去的趨勢。是會中成員的許多集體智慧，形塑出本章輪廓，我們相當感謝這些慷慨地彼此互助的交流會成員，以及其他把敏捷做對（do agile right）的人。

　　有些指導方針是為了避免只是趕流行（希望大家把敏捷做對），其實都很簡單而明顯，我們在本書中已經多次提及。例如，敏捷的實施不該引起恐懼。有別於坊間的主流看法，人們其實並不害怕改變。大多數的人都喜歡度假，都喜愛美麗的商品，都愛看新電影，諸如此類。我們害怕的是失去。正如心理學家丹尼爾・康納曼（Daniel Kahneman）所揭示的，「害怕失去」的心理能量是「希望得到」的兩倍。敏

捷轉型不該引發對營運失去控制的恐懼，或是對失去部門專業的恐懼，或是對於還不知道新工作方式會不會比較好，就放棄現有工作方式的恐懼。只要透過真誠的合作，以及用迭代的方式提出原型、加以測試，並在真實世界的營運條件下，根據提議的改變做出調整，恐懼是可以避免的。

此外也別忘了，敏捷是個工具，不是策略。要把樹木從掉落的電線上移開，或是要切割木材蓋房子的話，鏈鋸是很棒的工具。但沒有一家公司會需要擬定「鏈鋸策略」或設置「鏈鋸長」這個高階職位。再說，要把馬鈴薯切片，或是要做外科手術的話，鏈鋸也不是最好的工具。「把敏捷做對」意味著，要把它視為為策略服務、改善績效的工具，也意味著只在狀況適切時才使用它。知名策略大師麥可‧波特（Michael Porter）講得很對，策略的精髓在於選擇自己不做的事。同樣的，我們相信，把敏捷做對，也意味著要選擇不在哪些地方使用它。敏捷手法的設計，是為了要在「要提供什麼」及「要怎麼提供」很模糊而不可預測時，用於開發創新的解決方案。敏捷並非管理日常營運活動的最佳方式，因為日常營運活動必須嚴謹遵守標準作業程序。

我們也想要再強調一次，敏捷不是用來實現大幅刪減成本用的。企業流程的創新，最終可以讓大家用較少的資源做

較多的事。但是要迅速裁掉三成的員工，敏捷並不是很好的方法。有時候有人會用這種方式推銷敏捷，因為跟風者已經學到，官僚人士喜歡成本刪減工具，就像貓咪喜歡貓薄荷一樣——尤其是當這工具能夠保證創造成長，掩蓋過去在管理上所犯的過錯。但我們會希望，永遠不要聽到有人使用這樣的說法：「我們已經從一家由砂石組成的公司，轉型為科技公司；我們也正藉由採行敏捷手法加速成長，因此我們別無選擇，只能裁掉公司三成的傑出人才。」

觀察諸如此類的簡單指導方針，可以讓你踏實地展開敏捷旅程。但光是避開明顯的陷阱，並不足以把敏捷做對。敏捷旅程真的很像三鐵比賽一樣，可能會很漫長，有時候還很費勁。所以在本章剩下的篇幅裡，我們希望做兩件事，第一件事是，詳述亞馬遜這家公司的敏捷經驗。該公司打造出自己版本的敏捷，不但極為成功，而且已經維持了好多年的時間。這個故事會是很好的一劑強心針，不單單因為亞馬遜是一家大家應該複製其做法的理想公司——你已經知道我們對抄襲人家的看法了——也是因為亞馬遜在很長的一段期間裡，仍廣泛地在許多商業層面，持續保持高度創新，很值得大家來學習他們的做法。我們在本章的第二個任務是，要從我們自己的研究以及經驗中，精煉出幾個踏上敏捷之路時的

守則。這些守則不但能幫你避開陷阱，也能實質上幫助你到達目的地。

亞馬遜的敏捷

如果擴大實施敏捷的目的在於，藉由把企業經營得既可信又有效能、調整企業以讓企業能利用未知的機會，以及讓跨越所有這些活動的系統能夠協調地運作，進而創造出更好的成果，並且能維持的話，那麼不把亞馬遜的敏捷旅程拿來當例子，就很難寫出一本這個主題的書來。亞馬遜的系統，是隨著時間發展起來的。系統或多或少是該公司自己建立的，雖然執行長傑夫・貝佐斯素以擅長接受任何人的好意見聞名。亞馬遜的系統很雜亂，看在純粹主義者的眼裡，一點都不完美。但是亞馬遜的系統很管用──而且饒富教育性。它同時也是個有力的論證，可以讓那些覺得敏捷只是一時流行的人知道並非如此。

眾所周知，亞馬遜是一個商業現象。在該公司的股票首次公開發行後不久投資的 1,000 美元，到了 2019 年年中，會變成 135 萬美元。許多雜誌都讚美亞馬遜是最創新、最受尊敬的企業之類的。報導往往會提到美國消費者滿意指數

（American Customer Satisfaction Index）在網路零售部門的評比。亞馬遜就是一個創新的奇蹟，不但向前整合、向後整合，還增加了新通路、新地理區域、新品類與新事業進去。當然，所有這些都讓企業的高階主管們質疑，舉亞馬遜這種例子，有什麼意義嗎？「亞馬遜誰不知道啊？」有時候會有客戶這麼對我們說。「他們天生就是敏捷。每天都會有新故事，講述著他們如何放眼於長期而承擔高度風險，最後擊潰或是併購了他們的對手。現在我聽到亞馬遜就想吐。我們得在現實世界裡運作，我們必須賺錢付稅金，我們雇不到他們雇的那種員工，我們沒有他們的技術，也確實沒有他們的執行長。」

但我們的意思並不是建議每個人都應該複製貼上亞馬遜的策略。我們也並沒有要建議任何一家公司，試著把亞馬遜的系統裡的單一元件，移植到自己公司的系統去。我們當然也無意把亞馬遜講成是某種完美的公司，要大家在各方面效法它。事實上，這正是為什麼亞馬遜會是一個發人深省的例子的原因。

看看亞馬遜所有負面的部分。其企業文化並未像谷歌與其他支持敏捷的人士所建議的那樣，給予員工心理上的安全感。亞馬遜的員工告訴我們，他們的企業文化是「對抗性

的」、「在智性上令人生畏的」、「戰鬥的」、「激烈的」、「進化論式的」。一個好人如果因為強迫排名，而剛好落在製造出來的鐘形曲線的錯誤那一端，遭到開除的話，在情感上是很受傷的。亞馬遜的員工都很賣力工作，要為工作與生活找到一個可維持的平衡點，相當困難。亞馬遜不談崇高的社會使命，雖然很多專家認為那對工作動機來說至關重要；事實上，該公司因為未能善待低薪員工，以及在納稅與在當地設點以換取政府激勵等議題上，高姿態對待地方政府，已經引起過廣泛的批判。它的內部也有狀況：明明是敏捷企業，對於已經超出申請時限的臨時點子，要爭取到預算支持，怎麼還是那麼不容易？執行長傑夫・貝佐斯與其他高階主管，都是以什麼小事都要管而惡名昭彰。產品上市日期與必要的功能，比敏捷實務工作者通常會建議的，要來得缺乏調整空間。內部人士告訴我們，如果參與的活動項目不成功，根本沒有像貝佐斯引導外界相信的那樣，依然充滿歡樂。

以上這些缺點的任何一項，理論上都可能影響到敏捷的推展。如果每一項都同時存在，那可就要跛腳了。但亞馬遜的敏捷系統依然持續壯大，這是怎麼辦到的？和我們聊過的那些人——而且我們很幸運，問到了和一些高階主管關係親近的人，而那些高階主管又是這些年來在亞馬遜的各個層級

都工作過的——所描繪出來的是一個優點與缺點並陳的均衡系統，這些優缺點會隨著時間過去而進化，然後以一種獨特的亞馬遜方式共同運作。我講的是系統，不是人。永遠都會有數千名亞馬遜員工進出公司，其他公司是可以雇用得到這些人的，也真的有其他公司雇用了他們。亞馬遜員工不是半神，也不是惡魔。他們是活生生的人，在亞馬遜的系統中，實現了非凡的成果。

傑森·戈德柏格（Jason Goldberger）就是其中一個這樣的人。他是在1999年到亞馬遜擔任資深採購專員。當時，他已經大學畢業六年，而亞馬遜的股票首次公開上市則是在兩年前。在那之後的八年裡，他晉升為部門商品經理、資深品類經理，最後升到總經理。他曾在2000年至2002年的網路泡沫時期裡奮戰，當時亞馬遜的股價還跌了九成五。他也參與了亞馬遜獨特的敏捷系統的進化過程。在他還待在亞馬遜的時期，這系統協助了亞馬遜谷底反彈，把營收從20億美元推升到150億美元，員工人數從7,600人增加到17,000人，股價也從2001年的低點上漲了1,300%。

和其他觀察家與參與者一樣，戈德柏格發現，亞馬遜的系統最驚人的特質在於，它格外注重顧客。他也在其他零售商工作過——包括聯合百貨公司（Federated Department

Stores）、QVC、Linens 'n Things 等等——所以他很清楚像**以顧客為中心**這種字眼所代表的意義。但這個字眼在亞馬遜，和在其他公司，就是不同：亞馬遜對於顧客的注重，已經要用瘋狂、狂亂、瘋顛來形容了。高階主管們經常會在大半夜叫醒軟體工程師，解決顧客的問題。他們已做好準備犧牲短期利潤，換取贏得顧客歡心的長期目標能夠實現。亞馬遜固定追蹤的指標有500個，其中有近八成就和顧客有關。貝佐斯常會在會議桌旁留一個空位，給「這個房間裡最重要的人」。[2]

我們所認識的每一個在亞馬遜擔任高階主管的人，都同意戈德柏格所講的，亞馬遜比你能想像的任何一家公司，都還認真看待「成為地球上最以顧客為中心的公司」。這個使命迫使亞馬遜訂出一套堅實的運作原則，繼而讓這樣的執著更為強化。[3]這些運作原則包括：為工作負責（要為公司的長期設想）；發明與簡化（在每個角落找尋新點子）；對的事情多做（以多樣化的觀點建立堅實的判斷）；要學習，要好奇（精益求精）；雇用最好的人才，發展最棒的績效（每次的雇用與晉升，都要把績效表現再拉高）；堅持最高標準（即使別人覺得高得離譜）；志向遠大（與人溝通時往大膽的方向去講）；允許行動不夠精準（速度很重要）；要勤儉（以

更少資源做到更多事）；要贏得信任（把自我批判講出來）；要深入探究（維持對細節的接觸）；要有骨氣（懷抱敬意挑戰他人，避免妥協）；以及創造成果（永不停息）。[4]大多數的公司都訂有陳腐的原則，而大多數的員工也都很快發現，這些原則沒有任何意義。但和我們聊過的亞馬遜高階主管們說，該公司和人家不一樣。所有的原則就是亞馬遜用於雇用構建者（builder）的標準，構建者也是依照這些原則去構建。公司的經營一樣是根據這些原則。無論你喜歡還是痛恨它們，在亞馬遜，這些原則決定了你的生死。

誠心誠意注重顧客，為亞馬遜的敏捷打下了堅實的基礎。但我還是得說，光是關注顧客而沒有建立起強大的能力，還是沒辦法打造出敏捷企業。

例如，戈德柏格原本是做商品買賣的。但他很快就了解到，除非他自己再去學習更多技術與供應鏈的東西，否則他不可能真的做到像亞馬遜對他期待的那樣，去關懷顧客。所以他找了一些營運專家並肩共事。他研究了自己並不完全了解的一些討論議題。他學會了解與感謝他在先前那幾份工作中看起來和他毫不相關的那些部門。他說，在亞馬遜的員工之間，這樣的學習過程是家常便飯。

差不多在2000年前後，當亞馬遜擁有9,000名員工的時

候，戈德柏格開始注意到，公司開始以一些新的方式，來看待自身的技術能力。公司開始把大型的單體式系統，拆分成較小的服務模組，稱為「微服務」。每一項微服務，都是構建為獨立、有彈性、可重複使用、可替換的次系統，而且可以透過名為「應用程式介面」（Application Programming Interface, API）的標準連線，和其他微服務間彼此溝通。這個方法提升了效能。建構小型模組讓自主團隊更快速也更容易開發、測試、部署，以及擴展他們的服務。同樣重要的是，這改善了亞馬遜迅速找出並未適切發揮功能的微服務，並予以中止與替換的能力。相互掣肘會導致廣泛的合作變得困難，但微服務可以與之抗衡，避免它發生。微服務使得跨組織的合作與實驗的風險降低。

這些服務導向的架構，無論當時還是現在，都是亞馬遜敏捷系統的關鍵元素。「大多數的人都認為，服務導向的架構最有價值的貢獻在於，讓公司有能力更快速釋出創新，」戈德柏格說：

對，確實有這個好處。但是它也讓你得以更快把無效用的創新停掉。如果你要求員工，創新必須完美無瑕，那只會扼殺創新而已。但如果你要他們只管創新就好，不

用擔心犯下很快可逆的錯誤的話，你就賦予了他們可以更以敏捷的方式測試與學習的自由。傑夫提到雙向門的概念，也就是如果你不喜歡你在門的那一邊看到的東西，你可以隨時再退回門的這一邊來。服務導向的架構，提供了數以千計的雙向門。

亞馬遜集市（Amazon Marketplace）是最早以這種架構哲學建立起來的應用程式之一。這是一個讓亞馬遜在其網上銷售第三方商品的平台。先前該公司已經嘗試過兩次，分別叫做亞馬遜拍賣（Amazon Auctions）與zShops，以提供與eBay競爭的另一個選擇。但二者都沒有成功。不過，服務導向的架構，卻讓亞馬遜得以建立可以把第三方供應商無縫整合到亞馬遜核心購物體驗之中的獨立詳細頁面。現在，亞馬遜已經把這個跟隨別人的點子，轉變為優質的選擇。如今在亞馬遜的平台上，有500萬家以上的集市銷售商，占該公司零售銷售數量的53%。

這樣的架構哲學，也促成了亞馬遜網路服務（Amazon Web Services, AWS）的設立。2003年，亞馬遜的網站工程小組中有兩個成員，班傑明・布萊克（Benjamin Black）與克里斯・平克翰（Chris Pinkham）開始研究，有沒有什麼方

法，可以更快速也更有效率地擴大公司的技術基礎架構，才能跟上公司的極速成長。他們寫了一份備忘錄，描述了這個立基於雲端的基礎架構，並分析它可以當成一種服務，對外銷售虛擬伺服器的潛力。雖然亞馬遜的董事會擔心，這個點子太過於偏離公司的核心零售理念，但貝佐斯很喜歡它可以幫助所有人（包括宿舍裡的學生）開創新事業的方式。亞馬遜在2006年正式重新推出亞馬遜網路服務，自那時起，亞馬遜就有了一個新的策略引擎，為公司帶來龐大的營收與利潤成長，也為全球的雲端運算貢獻了關鍵性突破。

雖然亞馬遜的一切，都顯露出企業家的價值與原則，但它的組織結構，有很長一段時間還是和大多數公司很相像的。2002年初，貝佐斯決定出手調整。他正式提案擴增敏捷團隊，雖然他是用「兩披薩團隊」（two-pizza team）來稱呼，也毫不關心這類團隊所運用的做法與框架。他的想法是，要重新安排整個公司的結構，改成以小型的自主團隊為中心，由這些團隊持續以更敏捷的方式，處理最大的問題。每個團隊的成員不得超過十個人——當他們加班到深夜的時候，可以用兩個披薩餵飽。團隊之間可以自由相互競爭。每個團隊都會自己建立一個適應度函數（fitness function），以幫助自己與別人（主要是貝佐斯）估算，目前的進度到哪

裡。

　　戈德柏格回想起，當時大家是如何渴望加入這些披薩團隊。「披薩團隊很亮眼。他們剔除了沒必要的階層，讓最靠近工作的人直接彼此合作，也和顧客合作。我所認識的大多數的人，都想要試著加入團隊。真正加入過團隊的那些人，會在線上目錄裡領到一個印有自己名字的披薩圖標，那可是個榮譽勳章。」

　　兩披薩團隊發展得很成功，它們盤踞在技術部之類的創新部門裡，但並未出現於會計部之類的日常營運部門。由於適應度函數在任何地方都沒有受到太大的歡迎，多半都被忽視掉了。雖然亞馬遜最後並未圍繞著兩披薩團隊重新設計組織結構，但這些團隊已成為挑戰創新點子的主要機制。亞馬遜內部有幾千個這樣的團隊，它們已經是文化中的核心成分。

　　2004年，亞馬遜成立十年後，該公司也改變了撥款給創新計畫與進行提案討論的方式。現在，每一個計畫與每一個提案，尤其是那些來自兩披薩團隊的，一開始都要先準備為數六頁的備忘錄。備忘錄一翻開的前一兩頁，是一份預想的新聞稿，對外說明這個計畫會為顧客創造出什麼效益。這和任何一份敏捷待辦清單裡的使用者故事十分相似，用仿效的

新聞稿描述目標顧客、這些顧客追求的效益、他們在先前接受到的解決方案中體驗到的挫折感，以及亞馬遜的新解決方案所具有的優勢。提案當中，至少會包括四到五頁關於此一創新將會如何運作的常見問題（frequently asked questions, FAQ）──從最難回答的開始列起。備忘錄常會放入附件與簡略圖表，或是圖片，以描繪出顧客正在運用解決方案時的情形。雖然最一開始是用「六頁備忘錄」來稱呼這些提案書，但很多高階主管現在都稱它們為「PR/FAQ」，而且很多都是在十五頁以上了。

戈德柏格還記得他的第一份六頁提案書。原本他已經準備好一份PowerPoint的簡報，但在一星期前才知道，必須要準備的是六頁備忘錄。「那是一場很粗略而混亂的討論，」他說道，「在那裡坐著三十到六十分鐘，等大家讀你的備忘錄，感覺有點不自在。接著就是一連串的問題，開始隨機向你飛過來。如果你對自己的內容不熟，只要幾分鐘的時間，你就會露餡。貝佐斯只要一秒鐘，就能踢爆你講的是預先準備好的制式答案。你必須是這提案的專家，不能只是一個爭取資源的簡報人員。」但六頁備忘錄這東西，最讓戈德柏格稱許的地方是，它強化了亞馬遜「聚焦於顧客」的使命。「我記得的是，」他向我們表示，「他們如何讓我真的有想要

注重顧客的感覺。我們每個人都會因為這個備忘錄而去思考，自己真正試著想做的是什麼事。從顧客端往回作業，會讓你把每一項活動，都看成是提供給顧客的服務。也由於很多提案都是聚焦於改善內部的企業流程與技術，你會因而把共事的每一個人，都看成是顧客。我會覺得，自己似乎真的對他們負有責任，也發展出一股想要全心為他們服務的感受。」

其他一些高階主管，也同意戈德柏格的說法，包括納蒂亞·舒拉博拉（Nadia Shouraboura）在內。她是一位在亞馬遜從2004年做到2012年的高階主管。「亞馬遜系統裡的每一寸組成，都在平衡與強化系統裡的其他部分，」她向我們表示：

系統的核心是極為注重顧客。亞馬遜可能會做微管理，但通常是針對你對於顧客的熱情。以我個人來說，這樣的熱情總比對顧客漠不關心要好。高階主管們不會告訴員工該做什麼。他們會說：「你負責這個顧客，而這個顧客有這樣的問題要解決。你打算做些什麼事來處理這個問題？」六頁備忘錄可以藉由從顧客端往回作業，而爭取必要的創新資源。在我待在亞馬遜的那段期間裡，

我寫過數百份六頁備忘錄，也讀過數千份以上。這些討論沒有浪費時間讓簡報者講他想講的，而是盡可能把每一分鐘都用在重塑顧客體驗上。兩披薩團隊是把焦點放在如何為顧客開發創造力十足的解決方案上。兩披薩團隊是自給自足的，它們全心投入，也得到充分授權。每個團隊都是亞馬遜所謂的「單一執行團隊」，意味著它們不會多工，同時做很多事。一個團隊處理一個問題。服務導向的架構，讓這些團隊得以隨時隨地收集顧客數據與測試解決方案，不必等待逐層批准。系統的運作就是要讓大家都變得更好。

亞馬遜仍持續拓展與精進該公司用於擴大實施與提升敏捷的工具。未來它會成功嗎？貝佐斯並不清楚，我們也不清楚。2018 年 11 月時，他告訴公司員工：「亞馬遜並沒有大到不會失敗……事實上，我預測有一天亞馬遜會垮。亞馬遜會破產。如果你們去看大公司，會發現它們的壽命傾向於落在三十多年的地方，而不是一百多年。」要想延緩滅亡的發生，關鍵在於，企業必須瘋狂地重視顧客，避免只顧自己好。「如果我們開始只想著自己，而非聚焦於顧客身上，那就是我們滅亡的開始。我們必須去嘗試，盡可能延緩那一天

的到來。」[5]

複雜的系統所造成的風險是很真實的，即使是亞馬遜也不例外。法令的改變可能會迫使企業必須拆分。成長可能會放慢，而這又會影響到股價，與提供給明星員工的薪酬。微管理與官僚度可能會增加，因而扼殺創新。顧客滿意度最近的下滑，可能會演變為長期趨勢。但據我們所知，很少有公司比亞馬遜花更大的力氣，持續維持系統的均衡性與協調性，以因應不可預測的市場。

敏捷之路的守則

包括亞馬遜與我們在本書中提及的其他企業在內，成功實施敏捷的公司，絕大多數似乎都發展出一套不尋常的能力。這些能力讓它們在推展敏捷的時候，沒有落入許多其他的準敏捷企業都中招的陷阱，或變得只是一時的跟風。其中有四種能力尤其重要——重要到我們視之為敏捷之路的守則——就是能夠帶領你到達目的地的那些技能與特質。

1.學會去愛敏捷團隊——然後打造你自己的團隊

要是你根本沒碰敏捷，那就沒辦法去想什麼擴大實施敏

捷了。正如我們提過的，當「要提供什麼」或「要怎麼提供」不夠清楚，或是二者都很模糊而不可預測時，敏捷團隊會是可以用於開發創新解決方案的工具。敏捷團隊的主要目標在於透過創新改變企業——開發新產品、新服務或新的顧客體驗（給外部顧客）；改善流程以協助營運部門的人員提供解決方案給外部顧客；或是改善這些流程背後的技術。敏捷的核心就在團隊。

提倡或參與敏捷團隊的人，不該只是熟悉敏捷的實務做法而已，也應該要了解，**為什麼**敏捷團隊要做這些事。敏捷團隊都是走自主路線的，因為自主可以增加動機，可以把決策權交到最靠近顧客與營運單位的那些人手裡，也可以讓領導者們可以有時間聚焦於只有他們能勝任的企業策略上。敏捷團隊都是小規模而具備多重專業的，因為規模小可以改善溝通與生產力，而容納多種專業在內可以增加創造力，減少與其他團隊間的相依性，也加快決策的速度。每個敏捷團隊只會把心力放在一項任務上，因為多工會讓人變笨，會拖慢開發周期，也會增加做到一半的工作。有效率的敏捷團隊不會盲目遵從規定，而是很清楚為什麼自己現在正在做某件事，並持續找尋更好的方式完成這件事，同時也把自己的見解分享給其他團隊。

　　無論部署在哪裡，敏捷團隊都應該要創造出無可挑剔的成果。出色的成果可以建立起拓展敏捷規模與範疇的熱情。出色的成果可以吸引明星員工。隨著更多人的加入，敏捷團隊會更有自信。敏捷團隊會學習到安排優先順位的價值，會開始挑戰所有的預測背後的假設，會收集直接來自顧客的意見回饋，而非由管理者轉告。敏捷團隊會控制未完成工作的數量，會加速決策，會設想如何去除低價值的工作，以及如何持續改善自己的工作方式。敏捷團隊的成員會帶著自信回到自己原本的功能別部門去。敏捷團隊會學習找出阻礙速度與成功的因素，領導團隊則要學習如何移除這些因素。敏捷團隊是被吸引到組織裡去的，而不是有人逼迫。

　　學會愛敏捷團隊後，你就會想要建立自己的團隊，一個承諾著要根據敏捷原則，一起共事的團隊。如果你是企業裡職銜前面掛個C的高階主管（譯注：即執行長CEO、財務長CFO等「XX長」），這團隊可能是你自己的高階領導團隊，也可能是由以你為首的事業部門或功能裡的資深經理人所組成的團隊。如果你是一個初階主管，那就可能是由你們部門裡的一群人組成的團隊。或許這團隊正以比較傳統的手法在負責一些創新計畫。又或者這團隊是由工作內容類似的人組成的，但他們從未想過，會以敏捷團隊的形式一起做這件工

作。

　一開始可以先找你的團隊來，一起閱讀與討論這本書的內容。針對書中提出來的概念彼此爭辯，和團隊成員們一起研究與實驗敏捷在各種情境下的做法。找出公司裡是否存在一支有效率的敏捷團隊，是你可以造訪與觀察的。坦率地向他們提問，看敏捷手法的哪裡讓他們喜歡或不喜歡。問問你的團隊，是否會想要找一兩個機會應用一下敏捷手法。考慮和成員們一起參與訓練課程，以針對敏捷建立共同的基礎能力。和他們一起打造可維持下去的敏捷習慣。寫一份你自己版本的敏捷宣言。

　之前，我們作者群的其中一位（戴瑞）首度學習敏捷的原則與實務做法時，他自忖應該實際去演練學到的東西。針對敏捷宣言提及的價值，每一種他都挑選一項簡單的行為做改變，並安排一些提示，以觸發該行為。例如：

- **用能夠讓別人開心與成功的方式來工作。**當感受到有壓力時，他至少也會找一個人，對於對方所做的事，表達他的謝意。

- **把大型任務拆分為許多小步驟，並針對各種工作模式測試解決方案。**他決定每當遭遇到不同於自己的意見

時，就要問：「我們該怎麼測試這件事？」

- **簡化活動並安排執行順序，以聚焦於最有價值的顧客效益上。** 他承諾每當有人要求自己去做一些只能為顧客帶來很少價值，或是根本不具價值的事情時，他要把自己必須做的事情陳述出來，並說明那件事如果太慢做，可能會導致顧客價值大幅受損。

- **歡迎學習的機會，慶幸自己能夠學習。** 他發誓，每當他發現自己的預測或是意見最後是錯的，就和大家一起取笑它們，並且改弦易轍。

結果發生了什麼事？以下是他的陳述：

我發現，第一個改變是最令我享受的。表達謝意讓我變得更快樂，也改善了團隊合作。最後一個改變是最困難的。在一年多的時間裡，我寫下我的假說和預測，再用某種名為布賴爾分數（Brier score，編按：可參考《統計的藝術》一書第6章的說明，經濟新潮社出版）的東西追蹤準確性。但難堪的是，預測錯誤的頻率遠比我想像的要高。除了深深體會到自己應該要謙遜之外，我也意識到，如果把別人的想法納入考量，錯誤的風險並不會比只仰賴自己的想法高太多。我本來也很擔心，有這麼

多錯誤要笑，會貶損到自己的信譽。但我錯了，這讓我在發展假說、創造更好的成果，以及建立自信心等層面上，找到更多方式與別人合作。

等到這些行為變得不是那麼難做到之後，他開始把其他行為也列進來。他覺得自己變得更快樂，也更能掌控事情。他為他的團隊樹立了更好的範例，還發展出一生受用的好習慣，讓他永遠不會再悄悄退回到官僚式行為去。

2.精通於擴大實施敏捷──但要展望成為敏捷企業

請不要忘了，所謂的擴大實施敏捷，意思是即使是在敏捷的原理還沒有廣泛擴散到企業其他角落的狀況下，一樣要在企業內部廣為設置敏捷團隊。這麼做最明顯的效益在於，可以把創新的質與量擴展出去。等於是把測試與學習的精神，灌注到企業當中，以鼓勵員工在每一件自己做的事情上，都去找尋可以改善的機會。除此之外，這麼做還能在成本不增加之下增加創新。企業領導者手中握有目前進行中的創新活動清單，他們時常會為了創新專案的數量、創新專案的存在地點、創新專案做了什麼或沒做什麼、是誰在做這個專案（以及這些人同時還在做些什麼其他的事）、他們彼此協調作業的效率，以及他們能創造出多好的創新成果等事項

感到吃驚。高階主管們經常會發現，這些創新團隊有三分之一明天就可以停止運作，完全不用擔心。這可以釋出空間與資源，給更有價值的其他機會運用。在剩下的其他三分之二團隊當中，有些團隊可能處理的是重要的案子，但是為了進展不順而感到沮喪。這樣的團隊就是很適於用敏捷加以改造的對象。有時候，領導者必須重新調整隊伍，讓團隊能夠納入一些正確的技能與心態，使得接下來在成本或成果上的改善，能夠創造出動人的成功故事，以及培養出熱誠的敏捷代言大使。

擴大實施敏捷的另一個效益，可能更為重要。敏捷團隊的增殖，可以讓大家了解到，在自己熟悉的官僚式結構裡，像是矩陣式組織或是階層式組織，團隊的團隊是如何運作的。跨部門敏捷團隊，就定義上來說就是矩陣式組織。只要團隊成員們的報告對象能夠理解敏捷思維與手法，責任的共同承擔就不會有礙於績效。對階層式組織來說，也一樣是如此。敏捷團隊的團隊，以及敏捷團隊的團隊的團隊，會創造出和階層式組織很相似的報告結構。但敏捷的產品負責人，並非像傳統做法由老闆擔任，也不會預測、指揮或控制團隊的運作。他們也不會分派任務給任何人，或是設定完成的截止期限，而是由團隊成員們自己一起來做這些事。雖然外界

對階層式組織多所批評，但它們同樣可以和敏捷思維與手法合作得很好。精通於敏捷的擴大實施，不但能改善創新，還能協助營運單位以更人性的方式運作。

要想精通於敏捷的擴大實施，領導者必須對敏捷有足夠的了解，才能定義出自己心目中的敏捷。如同我們在第二章講的，敏捷有數十種框架。我們大多數的客戶，在審視選項時，通常會挑選其中兩三種來用（像是Scrum、看板，以及可用於擴大實施的框架，像是Scrum@Scale或SAFe〔即「大規模敏捷框架」；Scaled Agile Framework〕）。接著，他們會修改這些框架以符合自己公司的文化，讓核心概念與專業術語能夠搭配，並鼓勵公司裡的團隊自我調整。

雖然擴大實施敏捷是很了不起的開始，但要把敏捷做對，終究還是需要敏捷團隊與敏捷系統兼具——也就是必須成為敏捷企業。由於二者都牽涉到執行敏捷，我們很清楚，外界很容易會搞不懂這些術語的不同。但二者之間的不同是很重要的。擴大實施敏捷是聚焦於改善敏捷團隊的績效，讓官僚體制與創新能夠共存。敏捷企業則是聚焦於建立敏捷的企業系統，把官僚體制與創新，轉換為兩個可以共生的夥伴，然後攜手合作，創造更好的成果。

現在來把敏捷企業的概念，放在顯微鏡下檢視。其詳細

定義可能會像這樣：**敏捷企業會創造出均衡的系統，有效率地根據變動的顧客需求做出調整，為顧客創造更好的成果。**定義中的每個元素都有它的意義，我們分別來看。在敏捷企業裡，高階主管不會把焦點放在讓個別團隊的績效最佳化，而是要改善整個企業系統的績效。這個系統會是**均衡的**，營運部門的運作是可信而有效率的，但又能同時有所創新以善用改變。穩定的營運與有彈性的創新，並非互為敵人。二者是互補的、相依的、互利的能力，需要彼此才能存活下去。

　　其他元素也同樣重要。敏捷系統會**有效率地自我調整**。成功進化的訣竅在於，要把運作的成效不錯的特質保留下來，但對於那些必須改變的東西，就要迅速而有效率地改掉。如果既要自我調整，又不想創造出痛苦或不想要的結果的話，那麼唯一一個方法就是迭代式的測試，搭配迅速的意見回饋循環。企業的系統要針對什麼對象做調整？答案是**不斷改變的顧客需求**。敏捷企業不會只是研究顧客的環境，以找出顧客偏好的變動，並予以因應而已。在亞馬遜，他們還會預應式地（proactively）改變顧客環境。他們執意於找到、打造與利用能幫助顧客實現令人滿意的目標，迫使競爭者只能跟進其先進做法才能存活。過程當中也可以包括破壞式創新在內，也時常真的是如此——就是那些既有顧客未必

會馬上覺得有價值，但潛在顧客可能會頗為重視的產品與服務。

最後，敏捷企業要傳遞出優質的成果。提升敏捷性有一個唯一的正當目標，那就是改善成果——可以是顧客面的成果（購買行為、市占率），可以是財務面的成果（營收成長、現金流），可以是員工面的成果（員工素質、效率性），或是社會面的成果（人權、環境永續性）。敏捷這東西並不是天生就多聖潔，同樣的，官僚體制也並非天生就多邪惡。二者都只是工具而已，為你的策略服務，幫助你達成策略目的。

即使目前你們並沒有轉型為敏捷企業的打算，我們還是建議，可以花幾個星期，探索一下這樣的轉型看起來會像是什麼樣子。我們可以有多少個團隊？這些團隊會做什麼，要設置在什麼單位？企業可以因而創造多少額外價值？我們可以如何讓官僚體制與創新活動更和諧一些？要實現這樣的願景，最大的阻礙與風險是什麼？我們實際上有辦法走多遠，又可以規劃以多快的速度抵達？用這種形式來想像敏捷系統，有助於發展出健全而具整合性的思維。這可以用來估算相關價值的多寡，也讓大家更能齊心往最終目的地邁進，這會有助於你做出策略方面的決定。

除此之外，還有其他效益存在。想像敏捷企業的願景，可以提高對於採取行動的承諾、活力，以及勇氣；也可以避免組織做出一些最後可能讓企業更難或無法建立敏捷性的事。這麼做可以促進大家討論，公司的敏捷想要往前走到什麼地步，可以用多快的速度抵達，以及如何安排行動步驟的先後順序。這麼做可以幫助高階團隊，找出必須回答的問題、必須處理的風險，以及可能會改變決策的測試項目。

不過，想像敏捷企業的願景，也可能導致很危險的極端結果。其中一個極端是：「我什麼都要，而且我馬上就要。」另一個極端是：「我被敏捷企業的展望嚇傻了。」

我們已經探討過，翻天覆地式、一次全部到位的敏捷轉型，存在著什麼樣的危險。高階主管們如果希望馬上就什麼都到位，基本上會採用官僚式的轉型團隊，強行把敏捷塞到組織裡。他們幾乎一定是找了外部某個組織的敏捷模型來抄襲，還強迫自己相信，裡頭已經包含了所有的答案在內，因此就奮力朝著這方向去做。但很少會有好結果。在企業這樣的一個複雜系統中，因果之間的關係，往往不會馬上顯現出來，也可能會造成意料之外的結果。還記得1920年代的禁酒令嗎？當時有多少人能夠預期到，美國那個禁止銷售酒精商品的憲法修正案，竟然會因而促進了組織犯罪的財富與權

力，導致更多人施用硬性毒品、沒有安全保障的自釀酒變多、稅收減少、數百萬原本守法的民眾被迫犯罪、人們對當局的信任下滑，以及讓執法系統負荷過重？更別說竟然還實施了13年，美國政府才想到要廢除那個修正案。

另一個極端則是高階主管們看到敏捷企業的複雜性之後，嚇到什麼都不敢做。沒錯，過度擴張的官僚體制很讓人受不了，而敏捷企業的願景又是那麼的吸引人。但要從何著手起？有太多地方要改變了。如果我們無法實現完美的敏捷企業，狀況可能會比現在還糟糕。害怕失去的恐懼，從中作梗。過了好幾年的時間，什麼事都沒發生。然後，管理團隊才突然意識到，自己已經陷入嚴重的麻煩。現在已經沒有時間可以延遲，或是做測試與學習了。「我們全部都需要，而且馬上就要。」就好像那種過度節食，結果反而愈減愈肥的人一樣，這樣的公司，反而更可能在上述的兩個極端之間擺盪來擺盪去。

3. 利用敏捷創新到達目的地

在一段敏捷旅程開始的時候，很多高階主管最難接受的一個事實是：自己連要前往的目的地，以及該如何前往，不但一無所知，也無從得知。即使是經驗豐富的敏捷實務工作

者，也無法預測企業系統最後可以變得多敏捷，或是要如何從目前的狀態，提升到那樣的敏捷水準。這令人擔憂的前景，在在挑戰著許多領導者關於自己如何為公司增加價值的最基本假設。有人可以駁倒外號「中子傑克」的奇異（GE）前執行長傑克・威爾許（Jack Welch）的管理哲學嗎？他曾說：「優秀的企業領導者，會先創造願景，清晰地把願景傳遞出來，充滿熱情地擁抱願景，然後再無情地逼迫大家實現它。」[6]換句話說，他認為領導者必須做到預測、指揮及控制等工作。

但問題在於，一旦身處於模糊而不確定的情境下，預測、指揮與控制是不管用的。阿瑪・拜德（Amar Bhidé）針對新創公司所做的研究發現，有三分之二的公司，在成功之前，都適度或大幅修改了公司初始的願景。用他的說法，就是「創業家迅速透過一連串的實驗，以及針對出乎意料的問題與機會所做的因應描施，修正了自己的假說。」[7]知名創投人士，也是合廣投資（Union Square Ventures）的共同創辦人佛萊德・威爾遜（Fred Wilson），也發現了類似的型態。「在我個人的追蹤記錄中，那26家我視為獲利了結，或是真的就是獲利了結的公司裡，有17家在我們開始投資，與賣出的這兩個時點之間，曾經推動過全面的轉型或是部分轉型。這意

味著從你爭取到創投資金，到你離開這個事業之間，有三分之二的機率，你必須重新設計自己的事業。」威爾遜進一步發現，在那些他視為失敗的投資裡，有八成轉型失敗。[8]

正如我們在前面提到的，心理學家丹尼爾・康納曼認為，領導者所做的預測，準確度和我們在擲硬幣猜正反面差不多。[9]所以，如果領導者所做的預測，正確與錯誤的機率可能各半，那麼試圖要指揮與控制，就會引發一連串的蠢問題：萬一我的預測，不會比那些更靠近顧客，以及服務顧客的營運部門的人來得準，那怎麼辦？萬一針對顧客所做的測試與學習所促成的決策，比我的決策來得快又好，那怎麼辦？萬一和我相約碰面，等待我做決策所花的時間，是週期時間與前置時間的兩或三倍，那怎麼辦？諸如此類。

別忘了，敏捷的設計就是用來在要提供什麼，與如何提供，都還很模糊而不可預測時，建立具創新性的解決方案。這樣的描述，完美說明了「從過度擴張的官僚體制，發展為敏捷企業」這件事。所以我們才會主張，各位的第一步是要先建立一個敏捷領導團隊，它的運作和其他敏捷團隊沒有兩樣。這團隊會有一個活動負責人，為整體成果負責；也會有一個引導者（facilitator），負責教練團隊成員，協助維持每個人的積極參與。領導者們同意少花一點時間在自己的部門

做微管理。他們同意多花一點時間在發展敏捷系統上，支援策略的執行，以實現想要的結果——像是實現企業宗旨、創造財務成果、提升顧客滿意度，以及提振員工士氣等等。他們會藉由把複雜的問題拆分為能夠採取行動的步驟，再有系統地各個擊破，以克服組織麻木不仁的情形。他們會積極解決問題，移除限制推動的因素，而非把事情丟給部屬去做。

可以靈活調整的強大待辦清單，會是團隊的重要工具。清單上列的是一些團隊成員們可以共同落實的機會。這清單可以給團隊一個逐項清楚條列、基於事實的實際願景，以及團隊應該據以逐步把事情做掉的順序。團隊成員們彼此承諾要團結一起把待辦清單上的項目做完，也能提升這個團隊一起成功的可能性。一開始，待辦清單看起來只是把要做的事情條列出來而已。但其實待辦清單在三件事情上是不一樣的。第一，清單中的每個項目，都是以重要的顧客需求或相關機會呈現出來，並不是只以「我們有這些事情要做」的形式列出來。第二，每個項目在無情地安排順序之下，會讓人打消試圖多工並行的念頭，好讓所有資源都集中於最有價值的工作上。第三，待辦清單會繼續更新，也會繼續重新排定順序，以反映出與每個待辦項目的價值與資源需求有關的最新資訊。

　　除了迫使大家把焦點放在顧客與靈活調整上，待辦清單還能讓你的敏捷團隊對低價值的活動勇敢說不。當艾瑞克‧馬泰拉（Erik Martella）在星座葡萄酒公司（Constellation Wines）的中央海岸酒廠（Central Coast Wineries）擔任副總裁時，收到了一封來自總公司長官的電子郵件，建議酒廠幫他個人研究一下他很感興趣的某種酒。馬泰拉告訴我們，如果在以前的話，他是可以回對方「好的，我們會馬上著手去做。」但這時他卻是回覆對方，酒廠正在遵循敏捷原則行事，也就是他可以把長官的想法加到可能的發展機會之中，並排定優先順序。而這個主管碰巧很欣賞他的這種做法，因此當主管收到消息，說他的提議被評為優先順位較低的時候，他早已有心理準備接受這個結果了。

　　待辦清單還有另一個相關的效益。各位還記得亞馬遜的戈德柏格，是如何談論更快速把無效的創新停掉的好處嗎？失敗團隊的成員們——出於害怕自己會被貼上輸家的標籤，以及被公司重新分派到比較低微的工作上，甚至被裁員——會很努力讓自己看起來很忙碌或很有自信。他們其實應該喊停，去找更有展望的工作來做的。但如果手邊有一份強大的待辦清單，因為會定期把很明顯優質而吸引人的工作選擇都列出來，可望更鼓勵團隊成員去做出「往更優質的工作移

動」的選擇。待辦清單在向你招手：你想不想離開那個產出成果令人失望的庸俗案子，加入公司裡的一個優先順位最高、最令人振奮的計畫？如果有更好的選擇，人們不會刻意選擇讓自己失敗。

隨時間過去，敏捷領導團隊（和其他每個敏捷團隊一樣）必須要估算自己目前的進展。最近，在敏捷社群裡，常會看到一項呼籲：「要看的是結果，而不是產出。」我們可以理解講這番話的用意，但事實是，要想打造有效的敏捷系統，結果與產出都是領導者們必須要衡量的。不只如此，所有的活動、投入的資源，乃至於企業的宗旨，也都要衡量。敏捷社群會那麼說的重點在於，你可能努力推出了許多新產品，但沒有提升顧客滿意度或是改善財務成果。不過，反過來說，除非你很努力推出一連串的新產品，否則不可能改善顧客滿意度與財務成果。

豐田工業公司（Toyota Industries）的創辦人豐田佐吉，就是敏捷創新手法的先驅。他曾說過，如果你想要改善結果，你就必須改善傳遞出這個結果的流程與系統。如果結果不是你預期的，他鼓勵大家深入發掘最根本的原因。他把這套技巧稱為「五個為什麼」。先把問題定義出來，然後自問，為什麼前面的流程會導致這樣的結果？如果其中有一個

流程有缺陷，就問「為什麼會有這個缺陷？」就這樣一直問下去，直到你找到問題的根源為止，整個過程通常會歷經五次的迭代。這時，你就能揣摩出怎麼解決問題了。同樣的，光是評核最後的結果，也是不夠的。如果你不了解系統中是什麼流程導致這種結果，並且把流程的問題處理掉的話，你還是無法改善結果。

導入一些可用於監督流程的指標，不但有助於回答「五個為什麼」的問題，還讓你能夠以統計手法控管流程，以避免未來發生問題，即使結果目前看起來還不錯。或許目前的財務成果看起來很厲害，但如果缺乏新產品線，最優秀的創新人才又跳船了，那你的流程就出問題了，而且很快會演變為結果出問題。

如果領導者可以做到這些事，他們自己的生產力與士氣就提振了。因為，他們學到了如何用自己授權的那些團隊所使用的語言溝通。他們會體驗到和團隊所面臨的相同挑戰，並學習如何克服。他們會看出有哪些行為會干擾敏捷，並加以阻止。他們會學到如何簡化事情，聚焦在工作上。不但成果因而改善，全組織上下對於敏捷的信心與參與感也會變強。

4.弄得好玩有趣一點

我們感到很困惑，到底有多少位變革管理大師向大家灌輸「採用敏捷手法轉型一定要做到徹頭徹尾才行；為了要得到敏捷的效益，過程也一定會很痛苦」的觀念，而且也似乎真的這麼認為？這些變革管理大師似乎都沉浸於組織在變革時混亂的那一面，然後向大家預告「無上的幸福感，一定就在下一個轉角處」。帶著對生死學大師伊莉莎白・庫伯勒・羅斯（Elisabeth Kübler-Ross）以及她所提的五階段「悲傷曲線」（grief curve；又稱變革曲線 change curve）的敬意，我們要說，把敏捷做對，其實和失去摯愛沒有太大的共同性，反倒是和「找出更好的工作方式」完全有關，而且是透過能夠讓人們更快樂、更有創意、也更成功的團隊，來做這件事。

以下是我們的建議：如果變革的過程讓你或員工不快樂，那就停手吧！馬上！不要做感到不自在的事，也不要誤把員工一個個心不甘情不願地因為不自在的工作方式而離職，當成是他們的熱誠還不夠。真相是，敏捷的進展，應該要在一開始就帶來舒服的感覺才對。我們的意思是，敏捷會產生等同於「跑者愉悅」（runner's high）那樣的東西——當你在訓練過後，朝著更健康的身心又具體邁進了一步時，會

帶來的美好感覺。確實也有研究發現，快樂與創新之間是彼此連結的，密不可分。不管是快樂促成了創新，還是創新帶來了快樂，都沒關係。只要其一有所改善，就能啟動一個讓二者都能持續提升的循環。成功就是一種習慣的形塑。我們的大腦會分泌出神經化學物質，讓成功的過程產生愉悅感。當我們設定好目標並且實現時，大腦會釋出多巴胺這種荷爾蒙做為回報，促使我們繼續去做能夠帶來愉悅感的事。當我們和別人建立緊密關係，增加對別人的信任時，大腦會產生催產素，讓我們更忠於這段關係，以及會想要和別人變得更為密切。當我們克服困難挑戰時，大腦會釋出腦內啡，創造出好心情，還降低疲勞。當我們參與能夠增加強烈目的感的活動時，我們的身體會分泌血清素，讓我們感覺有自信而平靜。所有這些化學物質，以及其他一些化學物質，可以提升我們的快樂，以及我們以團隊形式創新的能力。

員工之所以工作起來不快樂，是因為他們沒有在工作中得到滿足感，他們的大腦也沒有分泌出足夠的化學物質，讓工作做起來很愉悅。這些人不但參與感低，還深受某種型態的神經化學物質戒斷症狀所苦。優秀的敏捷領導者，會去學習如何藉由讓創新有樂趣、有滿足感，來增加員工的成就感。他們會去學習，如何協助團隊制定目標、達成目標、與

他人建立密切關係、克服困難的挑戰、增強使命感，以及讓工作上的良好成就可以帶來愉悅感。

　　要讓整個敏捷計畫有樂趣，有一種做法是，要經常創造成果，然後加以慶祝。那些對於敏捷團隊有所批評的人，都會抱怨敏捷利用衝刺期這種東西，創造出高壓的衝刺截止日期，好逼迫大家做到筋疲力竭，變成沒有時間休息，甚至無法思考。我們同意，如果是不好的敏捷，確實有潛力做出這樣的事來。但只要能把敏捷做對，衝刺期的運用，就會變成是為了截然不同的目的了。藉由把複雜的大型問題拆分為可以控管的任務，敏捷可以讓大家在面對令人怯步的任務時，能夠有更大的信心去處理。就是為了要設想出創意十足的各種方式，以迅速發展與測試解決方案的原型，敏捷團隊才會運用短期而緊湊的意見回饋循環，快速而輕鬆地因應不可預期的事件。衝刺期最大的好處在於，它們可以更頻繁地創造出成果與機會，來讓大家慶祝。泰瑞莎・艾默伯（Teresa Amabile）與史蒂芬・克拉瑪（Steven Kramer）在他們於《哈佛商業評論》發表的文章〈小成果的威力〉（The Power of Small Wins）中，是用這樣的角度去看的：

　　在所有能夠在上班日衝高情緒、動機，以及感知的事物

中，最重要的一種就是，能夠在意義非凡的工作中有進展。長期來說，人們愈常體驗到「工作有進展」的感覺，就愈能饒富創意與生產力。不管他們是正努力揭開重大的科學謎團，或只是在產出高品質的產品或服務，能夠每天都有進展——即使只是很小的成果——就能為他們的感受以及績效帶來很大的不同。[10]

只要管理得宜，衝刺期可以每週或每兩週製造機會，讓團隊成員們朝著有意義的目標，創造可喜可賀的進展。所有的學習，都成為值得慶祝的事，即使團隊因而必須改變原本的假設，轉為發展不同的解決方案，或是改為發展另一個新機會。身為敏捷領導者，你的工作是要協助自己的團隊更頻繁創造小成果，以及移除會影響到創造進度的阻礙因素。你有這個責任要強調團隊有所進展，並以能夠激勵人心的方式把進度強調出來。這可以提升團隊的創新動機與能力。

最後，工作的樂趣還有另一個原因：教導和教練他人。教別人，還有看著別人學習，是最有成就感和滿足感的人類行為之一。

原因在此：曾因為在量子電動力學方面的研究而贏得諾貝爾物理獎的理察・費曼（Richard Feynman）表示，想要精

通任何新技能，最棒的方式就是，教新手學會這項技能。他相信，專家們常會用專業術語和深奧的字彙，來隱藏他們自己的無知。我們自己也發現，當我們試著用簡單的言語，把事情說明給別人聽時，就得到了一個學習更多東西的機會。我們會繼續鑽研下去，直到能夠把事情說明給小孩聽，或是給一個抱持懷疑態度的高階主管聽。當你發展出敏捷能力，並開始把這些能力教給新手時，你會很訝異，這些人迫使你再學習下去的力量竟是如此之大。他們所提的問題，會曝露出你的思維以及背後隱藏的假設中的不足之處。別人學習與應用敏捷原則與實務做法後，不但改善了他們自己的績效，也讓更多其他員工更易於改善績效，到時候你會訝異於自己得到的滿足感──既能夠指導別人以及與他人建立緊密關係，還能夠同時為企業的績效帶來這麼有意義的貢獻。

　　我們在本書的一開始就講過了，如果你和你的團隊覺得推動敏捷沒有樂趣可言，那就是你沒有把它做對。

附錄 A

領導團隊的敏捷宣言

2001年時，有17名自稱的「有組織的無政府主義者」，在三天的時間裡齊聚一堂，討論還有沒有什麼其他的適應性做法，可以用來開發軟體。他們公布了他們所謂的「敏捷軟體開發宣言」（Manifesto for Agile Software Development），陳述出他們學到的最為重視的實務做法：

- 注重個人與互動更甚於流程與工具
- 注重管用的軟體更甚於詳盡的文件
- 注重和顧客合作更甚於合約談判
- 注重因應變遷更甚於照著計畫走

在我們協助顧客轉型為敏捷企業的過程中，我們常會促成他們的敏捷領導團隊和我們做類似的討論，讓他們可以量

身訂做自己版本的敏捷宣言，並承諾遵守。結束討論後，領導團隊會製作一份屬於其敏捷價值的簡單宣言，團隊成員們則承諾改變自己的個人行為，來強化這些價值，並同意要彼此幫忙監督行為、改掉不適當的做法。請參閱圖表 A-1 的敏捷宣言範例。

在每一點的後面，會列出為每一個行為補足細節的特定價值與實務做法。這些年來，我們已協助製作過許多份的敏捷宣言。每一份宣言都是為特定組織所製作的，但以下則是一些各組織共通的討論主題與承諾：

注重個人與互動更甚於流程與工具

- 我們會為成功擬定明確的抱負（也就是**要做什麼**和**為什麼要做**）以及評核的指標，但會把**怎麼做**交由團隊處理。
  - 我們會以公司的策略以及行事優先順位為中心，圍繞著它**建立各個領導者之間的高度共識**——也就是決定**要做什麼**。
  - 我們會建立**吸引人一起來參與的明確宗旨**並予傳播——也就是**為什麼要做**。

- 我們會透過**定期的事業評核**（比如說每季一次），
  維持大家的高度共識與聚焦。
- 我們會建立**一些關鍵指標**以評核成功，而不是列出
  一長串引人關注的資料點。
- 我們會藉由**個人積極參與**團隊以及成果展示來追蹤
  進度，而不是鉅細靡遺去看各個里程碑的做法。
- 我們會授權各個團隊做事，並相信正確答案存在於團
  隊身上，而不是我們身上。
  - **我們會停止講話，深入聆聽團隊的說法**；我們要承
    認自己對解決方案的無知。
  - 我們會明確告訴大家，公司擬定的策略與里程碑**是
    待解決的問題**，並非解決方案。
  - 我們會**把決策權下放**給最靠近顧客、營運工作與流
    程的人。
  - 我們會**鼓勵每個人持續對話**。
  - 我們會把成果**交由團隊負責**。
  - **我們會視團隊與每個員工為夥伴，向他們發問而非
    給答案**——例如，「你的建議是什麼？」以及「我
    們該如何測試那件事？」
  - 我們會定期**從旁觀看 Scrum 團隊的儀式**，以展現我

圖表 A-1

某個敏捷領導團隊的宣言

注重個人與互動更甚於流程與與工具

我們會為成功擬定明確的抱負（也就是要做什麼和為什麼要做），以及評核的指標，但會把怎麼做交由團隊處理。

我們會授權各個團隊做事，並相信正確的答案存在於團隊身上，而不是我們身上。

注重管用的解決方案更甚於過多的文件

我們會發展管用而且已經夠好的解決方案，而非追求完美。

我們會保護團隊讓成員們可以專心；我們會快速移除主要障礙。

我們會支援團隊把複雜問題拆分開來，在每個衝刺期提出管用的解決方案。

注重顧客參與更甚於死板的合約

我們鼓勵團隊從多元的顧客組成那裡獲得求意見回饋，並培養針對顧客的意見迅速做出因應的文化。

我們相信，凡事永遠都可以再改善。

注重因應變遷速更甚於照著計畫走

我們讚揚學習，並為為團隊創造安全的環境，去讓團隊可以大膽冒險，測試非傳統的假說。

我們會六親不認地頻繁重新排定優先順序，並把那些在事先訂好的期間裡未能創造出足夠成果的活動停掉。

我們會以身作則，每天在工作中展現自己能運用敏捷方式做事。

們相信答案出自於他們身上。

- **我們會積極徵求多樣而不同的意見**，而不是找尋其他認同我們目前看法的人。

管用的解決方案比過多的文件更重要

- 我們會發展**管用而且已經夠好的解決方案**，而非追求完美。
    - 我們會要求各個團隊**在較早的階段就把點子與原型分享出來**，並給予可以整合進去的意見回饋。
    - **我們不會批判早期的解決方案原型**，但會讓顧客使用它們，以形塑創新。
- 我們會保護團隊，讓成員們可以專心；我們會快速移除主要障礙。
    - 我們會維護**已排定優先處理順位的各式障礙清單**，並以去除這些障礙為最優先要務。
    - **我們會毫不留情地取消會議**或壓縮會議時間，把節省下來的時間拿去參加團隊（每天或每週）的協調會議，看看有什麼我們幫得上忙的地方。
    - 我們會**透過提高透明度，減少對於呈交進度報告的**

需求，由團隊自己呈現管用的產品與成果，然後給
予他們意見回饋。

- 我們會**杜絕成立傳統式的指導委員會**，因為還得闖
過困難重重的管理流程才能得到批准。

- 我們會支援團隊們把複雜問題拆分開來，以及在每個
衝刺期都提出管用的解決方案。

- 我們會協助我們的團隊在龐大的問題上撬開一個小
縫，以找出方法逐步把問題解決掉。

- 我們會**拒絕接受團隊用投影片講述解決方案**，而會
要求看到實際管用的原型。

- 我們會**參與團隊的展示活動**，以提供意見回饋並觀
察顧客的反應。

注重顧客參與更甚於死板的合約

- 我們會鼓勵團隊從多元的顧客組成那裡徵求意見回
饋，也會培養針對顧客的意見回饋迅速做出因應的文
化。

- 我們會**明確定義出誰是我們的顧客**，並在開始建立任
何東西之前就先聆聽顧客的聲音。

- 我們會**禁止使用任何尚未在真實顧客身上創造任何實質實驗性成果的宣傳用語**。
- 我們會鼓勵每個人把更多時間花在公司外面——**去瞧瞧顧客**。
- 我們會**避免找人代替顧客給意見**——要就直接去找顧客徵求意見回饋。
- 我們會**定期要求提出新的假設**，還必須說明如何在顧客身上測試這些假設。
- 我們會**更為看重與顧客相關的關鍵績效指標**，而非只看公司內部的。
- 我們會**把顧客帶進專案團隊**與會議。
- 我們會**讓團隊內部可以擁有徵求顧客意見回饋的能力**，而不是把這個能力放在團隊的外部。
- 我們會**設置活動促進者**（movement maker），由他們在所有會議中提出與顧客的意見回饋有關的問題。
- 我們會**設計會議結構**，讓會中的講話時間盡可能都用在團隊與顧客的互動上。

- 我們相信，凡事永遠都可以再改善。
  - 我們永遠不會讓高優先度的產品有完成的一天，而

是會不斷地問：我們怎樣可以讓它再改善得更好？

- 我們會**很期待**顧客接下來需要什麼，也期待市場的進化會推動創新的發生。

注重因應變遷更甚於照著計畫走

- 我們會讚揚學習（learning）這件事，並為團隊創造**安全的環境**，讓團隊都可以**大膽冒險**，去測試非傳統的假說。

  - 我們**會問「為什麼不」**，而不是問「為什麼要」，也會為試行計畫、解決方案原型、實驗創造機會。

  - 我們會**提供實驗的空間**，會把需要層層簽核的需求降到最小，尤其是正在實驗的時候。

  - 我們會**廣為宣傳成功故事**；我們會在公司的各個活動中講述成功實例，也會認同那些會展望未來、尋求機會的人。

  - **我們會把壞消息找出來**；我們會讓大家覺得，可以安心地把自己的失敗分享出來。

  - 當團隊與顧客、客戶以及往來夥伴之間**產生令人不自在的對話時**，我們會涉入其中。

- 我們會獎勵那些提供**非傳統新點子**的人，不管他們來自哪個部門或哪個層級。
- 我們會**獎勵從失敗中學習**。
- 我們會以領導者的身分公開承認自己的失敗。
- 我們會六親不認地頻繁重新排定優先順序，並把那些在事先訂好的期間裡，**並未創造出足夠學習與成果的活動停掉**。
  - **我們會六親不認地專注於優先度最高的事情上**，而且要先做一件事才會再去處理下一件事。
  - 我們會讓所有的優先順位排定、工作項目、問題，**對每個人都公開透明**。
  - 我們會建立一支領導團隊，**根據公司內外的意見回饋**，持續為公司的待辦清單重新排定優先順位。
  - 一旦我們發現所產出的成果不如預期，**我們就會停止投資**。
- 我們會以身作則，每天在工作中展現自己能運用敏捷方式做事。
  - **我們會減少一半花在開會上的時間**，這些空出來的時間，會用在顧客與第一線員工身上，以及用來考量組織行事的優先順位與方向。

－ 我們會**改變領導高層的開會形式**；不再是坐在桌旁，聽人家把投影片中所列的計畫進度讀出來，而是改為在房裡邊走動邊談論行事的優先順位，對著實際的工作原型做出反應，建立自己版本的行動優先順位清單，以及把最重大的干擾因素處理掉。

－ 在轉型的過程中，**我們會扮演觸媒的角色**。

－ **我們會推動象徵性的改變**：像是不再把辦公室設在樓層的角落，改為在樓層的正中央設置共享辦公桌，任何人都可以直接來接觸我們；此外也捨棄公司分派給高層的停車位，改為提供給來訪的客戶使用；每週大家在公司的咖啡廳裡齊聚一堂，更新事業訊息與回答問題，公開承認有哪些事情進度順利，以及哪些事情還得再加把勁。

－ **我們會對外公開承諾**，要改變自己的行為，以及和大家分享個人的工作規劃。

－ 在有關變革的教練（coaching）及意見回饋方面，**我們會尋求協助**。

正如這麼長一份承諾清單所顯示的，敏捷轉型的領導，涉及了許許多多的工作在內。敏捷轉型的過程，並非花大錢

還讓公司分心去做不重要的事，而是企業將要採用的一種運
作方式。敏捷領導團隊要學習如何以敏捷團隊的方式運作，
以服務其外部與內部顧客。

營運模式組成元素之定義

宗旨與價值：一個敏捷企業的宗旨就是它的持續性的使命——創造影響力。而敏捷企業的價值，則代表著引領敏捷企業的決策與行事優先順位，由大家共享的恆久信念。

策略：敏捷企業的策略定義了組織的價值從何而來、組織鎖定的發展範疇、組織的致勝方式，以及組織要實現其持續性宗旨所需要的能力。

領導階層與文化：在敏捷企業裡，領導者與整個組織都更擁抱敏捷價值，明確地改變自己的工作方式，變成更為心心念念在顧客身上，更有合作性，也更自在於適應改變這件事。

  － **領導階層**：領導階層的心態與行為，要轉變為信任與教練（coaching），而非預測與指揮；高階主管之間，

也要像是一個敏捷策略團隊那樣合作。

- **文化**：敏捷的價值藉由成員的心態、行為以及日常行事，植入於全組織的各個角落，創造出合作與創新的文化。

計畫擬定、預算規劃，以及評核：敏捷企業會運用更頻繁也更有彈性的管理系統，動態地把資源集中於最有價值的機會上。循環開始於定義策略性的優先順位；然後分派人力與財力支持這些優先事項；再來就是從財務、顧客，以及對員工造成的影響大小等角度，衡量這些優先事項的執行成果。成果的衡量指標，回頭再把資訊回饋到訂定策略性優先順位的階段，再據以決定哪些事要繼續、哪些事要轉向、哪些事要停止。

- **計畫擬定**：敏捷企業會在動態的過程中，為最有價值的機會建立各種假說，好讓組織可以測試與決定追求這些機會的最佳時機與方式。
- **預算規劃**：敏捷企業會頻繁、有彈性地以創投基金的方式，提供資金給策略性優先項目，也就是測試、學習，並且把資金重新配置到能夠創造最大影響的地方。

- **評核**：敏捷企業會建立意見回饋的循環，針對績效的評論內容也是坦率的。他們會使用簡單透明的指標，並把這些指標層層傳遞到整個組織裡，好針對預期績效追蹤實際績效，據以調整做法。

結構與權責安排：敏捷企業的結構與權責的安排，會反映出各事業單位間的疆界與角色，以及從更微觀的角度細看團隊的人員組成與個人決策權。

- **組織單位**：敏捷企業會確保各事業單位的行事與公司的價值來源一致，也會在由事業單位、部門以及企業核心所組成的矩陣當中，定義出各自的明確權責。
- **團隊與工作**：敏捷企業會把為滿足顧客需求所必須完成的工作標示出來，並部署全心投入的跨部門敏捷團隊來推動這些工作。敏捷企業會設置一些職務，給予個別員工已經過明確定義的決策權，以加快計畫的進展速度。

人才引擎：敏捷企業的人才引擎定義了兩件事：一是需要什麼樣的人才，也就是需要什麼樣的能力（capability）與技能，才足以支持策略性的優先事項；另一件事是，在一個移動快速、績效導向的人才系統中，要如何落實人才策略。

- **人才策略**：敏捷企業會針對如何雇用與留住最佳人才，擬定未來幾年的人才優先事項。人才策略定義了要實現企業目標所需的技能與能力，以及內建與外包人力之間的平衡點要訂在哪裡，才能得到最佳成果。

- **人才系統**：敏捷企業會藉由績效導向的流程，決定如何找到、部署、考核、發展、獎勵與鼓舞人才，以及如何持續改善人事管理的系統與方法。

企業流程：敏捷企業會運用簡單而持續改善的企業流程，實現足以提供給顧客的出色解決方案。企業流程可以整合個人、團隊、數據與技術，促成破壞性創新，或是在必要時在不同部門之間可重複實施。

技術與數據：敏捷企業的技術與數據，無論如何都要具備的是模組化基礎架構、持續交付流程，以及數據的品質；可以視需求彈性調整的，則是用於促成迅速決策以及商業與技術間合作的能力與工作方式。

- **技術**：敏捷企業會採用模組化、有彈性、服務導向，又具備開發維運（DevOp）能力與自動化的基礎架構，以落實持續交付。此外，也會採用能支持有效合作的工具與工作方式。

– **數據**：敏捷企業會建立並抓取高價值的數據，以改善
　　決策的速度、品質，以及降低決策成本。此外也會建
　　立讓大家能夠存取數據的現代化基礎架構。

附錄C

研究紀要摘要

　　敏捷是一個很熱門而且直覺上就很吸引人的主題，但這並不構成要大家導入敏捷的正當原因。敏捷的運作是建立在實證主義（empiricism）之上，也就是「所有假說都應該經過實證證據的測試檢驗」。正在考慮要不要嘗試敏捷的企業，不能只是看那些令人振奮的企業敏捷故事，也應該要看看一些不帶偏見、來源廣泛的證據，來決定敏捷是否管用，以及要如何提升實施敏捷的成功率。已經成功推動敏捷試行計畫的企業，則或許應該好好看看那些關於「進一步擴大實施敏捷，是會有助於提升成果，還是會減損現有成果」的證據。正在費勁要讓敏捷發揮作用的公司，可能會很想知道：到底這是我們公司的問題，還是其他導入敏捷手法的公司，也都碰到類似的問題？我們貝恩公司已經收集與分析敏捷手

法的相關數據好幾年的時間了，為的是能夠客觀而充滿自信地回答以下五個關鍵問題：

1. 增加與改善創新，確實改善了企業成果嗎？
2. 敏捷創新所創造的成果，是否比傳統創新方式的成果更好？
3. 當敏捷藉由多個團隊擴大實施後，效益是否依然持續？
4. 當敏捷導入到 IT 部門以外的單位時，效益是否依然持續？
5. 敏捷企業的工作成果是否比原本更好？

我們收集了 73 份第三方研究報告，來源包括期刊文章、書籍、政府文件、學術論文、研討會論文、顧問公司的研究，以及企業研究等等。其中有極為嚴謹的持續性研究與後設研究，也有範圍較侷限，只針對某一個時間點做的調查。我們分析了每一份報告中關於創新與企業成果之間的關係，並把這些報告的發現依照前述的五大問題，歸為「報告中確實有這樣的發現」、「報告中並沒有這樣的發現」，以及「尚無定論」三大類。今後我們仍會繼續擴大與更新我們的資料庫，把更多經我們確認確實和敏捷的實施相關的研究報告加

進來。

我們發現，目前的這些研究報告，在我們列的這五大問題上，強烈支持創新與企業的成果之間是有關聯的。其中，「創新大幅改善了企業的成果」與「敏捷企業的工作成果有所改善」這兩項上，得到最高比例的報告所支持。

1. 有92%的報告顯示，創新確實大幅改善了企業成果，但有8%的報告尚無定論。

2. 有76%的報告顯示，敏捷創新比傳統創新方式來得好，但有10%的報告不同意此一說法，有14%的報告尚無定論。

3. 有67%的報告顯示，當敏捷透過多個團隊擴大實施時，效益依然還是持續著，但有4%的報告不同意，而有29%的報告尚無定論。

4. 有81%的報告顯示，敏捷在IT部門以外的單位實施時，效益依然還是持續著，但有19%的報告尚無定論。

5. 100%的報告都顯示，敏捷企業能讓工作的成果改善，雖然絕大多數的證據基礎是非學術性的，這可能反映出，在此一新興領域中，研究尚在比較早期的階段。

　　截至目前為止，實證數據相當令人振奮。不過，研究結果對敏捷來說並非百分之百正面，未來也可能還有變動。我們建議大家，自己去看一看這些數據。去推敲這些研究中的細節，去了解他們的方法論，去追蹤後續繼續出現的研究結果——畢竟，還會有更多企業在不同地方以不同方式運用敏捷手法，而且使用的期間會更為長久。以下是我們目前針對這五個問題，把手邊這73份第三方研究報告加以分類後的清單，並附上每一份報告有什麼發現。

參考文獻

創新大幅改善了企業成果

報告中確實有這樣的發現

Murat Atalay、Nilgün Anafarta、Fulya Sarvan 著，〈創新與企業績效間的關係：來自土耳其汽車供應商的實證證據〉（The Relationship between Innovation and Firm Performance: An Empirical Evidence from Turkish Automotive Supplier Industry），*Procedia— Social and Behavioral Sciences* 75 (April 3, 2013): 226-235. https://doi.org/10.1016/j.sbspro.2013.04.026

　　產品與流程創新給企業績效帶來了可觀而正面的影響。

澳洲統計局（Australian Bureau of Statistics），〈澳洲企業之創新，2016-17年〉（Innovation in Australian Business, 2016-17），Australian Bureau of Statistics. Updated July 19, 2018. http://www.abs.gov.au/ausstats/abs@.nsf/0/06B08353E0EABA96CA25712A00161216?Opendocument

創新企業的營收增加，覺得自己得到了競爭優勢，也改善了顧客服務。

Hee-Jae Cho、Vladimir Pucik 著，〈創新性與品質、成長、獲利性，以及市值間的關係〉（Relationship between Innovativeness, Quality, Growth, Profitability, and Market Value），*Strategic Management Journal* 26 (April 11, 2005): 555-575. https://doi.org/10.1002/smj.461

研究結果顯示，創新性中介了（mediate）品質與成長間的關係，品質中介了創新性與獲利性間的關係，而創新性與品質都對市值有中介效果。

Daniel Jiménez-Jiménez、Raquel Sanz-Valle 著，〈創新、組織學習與績效〉（Innovation, Organizational Learning, and Performance），*Journal of Business Research* 64, no. 4 (April 2011): 408-417. https://doi.org/10.1016/j.jbusres.2010.09.010

研究顯示，組織學習和創新對於企業績效有正面影響。

Bryan Kelly、Dimitris Papanikolaou、Amit Seru、Matt Taddy 著，〈技術創新的長期評核〉（Measuring Technological Innovation over the Long Run）, NBER Working Paper No. 25266, National Bureau of Economic Research, Inc., Cambridge, MA (November 2018). https://www.nber.org/papers/w25266

> 突破性創新與生產力的提升有相關性，不分時間區間、產業與公司。

Jane C. Linder 著，〈創新是否能驅動成長？運用新評估標準勾勒其全貌〉（Does Innovation Drive Profitable Growth? New Metrics for a Complete Picture）, *Journal of Business Strategy* 27, no. 5 (September 1, 2006): 38-44. https://doi.org/10.1108/02756660610692699

> 對於自己的公司有多創新，以財務資料排出來的名次，與高階主管們所提出的自我報告資訊，有很高的相關性。

Dylan Minor、Paul Brook、Josh Bernoff 著，〈創新企業是否就更賺錢？〉（Are Innovative Companies More Profitable?）, *MIT Sloan Management Review*, December 28, 2017. https://sloanreview.mit.edu/article/are-innovative-companies-more-pro#table/

> 研究發現，企業的點子批准率，與獲利或淨收入的成長，有顯著相關性。

Julia Nieves 著，〈管理創新之成果：服務業之實證分析〉（Outcomes of Management Innovation: An Empirical Analysis in the Services Industry）, *European Management Review* 13 (March 21, 2016): 125-136. https://doi.org/10.1111/emre.12071

管理上的創新對於產品創新有正面影響，產品創新對於財務績效有顯著影響。

R. P. Jayani Rajapathirana、Yan Hui 著，〈創新能力、創新類型與企業績效間的關係〉（Relationship between Innovation Capability, Innovation Type, and Firm Performance），*Journal of Innovation & Knowledge* 3, no. 1 (January-April 2018): 44-55. https://doi.org/10.1016/j.jik.2017.06.002

研究結果支持此一主張：「創新能力較佳的企業，會因而受到強大的正面影響。」

Roy Shanker、Ramudu Bhanugopan、Beatrice I. J. M. van der Heijden、Mark Farrell 著，〈組織的創新氛圍與組織績效：創新工作行為之中介效果〉（Organizational Climate for Innovation and Organizational Performance: The Mediating Effect of Innovative Work Behavior），*Journal of Vocational Behavior* 100 (June 2017): 67-77. https://doi.org/10.1016/j.jvb.2017.02.004

研究顯示，組織的創新氛圍與組織的績效之間，有顯著相關性。

尚無定論

Jan Youtie、Philip Shapira、Stephen Roper 著，〈從喬治亞的製造業者，探索創新與獲利性之間的連結〉（Exploring Links between Innovation and Profitability in Georgia Manufacturers），*Economic Development Quarterly* 32, no. 4 (September 3, 2018): 271-287. https://

doi.org/10.1177/0891242418786430

在2005年的調查當中，確實發現在喬治亞的製造商，創新與獲利性之間有正向關係，但在2010年與2016年的調查當中，創新與企業績效間並未發現關聯性。

敏捷創新的成果比一般創新還出色

報告中確實有這樣的發現

Scott W. Ambler 著，〈2013年IT專案成功率調查結果〉（2013 IT Project Success Rates Survey Results），Ambysoft, January 2014.

敏捷、精實，及迭代策略平均來說都比傳統與臨時性的策略來得出色。

CollabNet VersionOne，《第十三回年度敏捷現況報告》（*13th Annual State of Agile Report*），State of Agile, May 7, 2019. https://www.stateofagile.com/?_ga =2.258734218.1293249604.1571223036-453094266.1571223036#ufh-c-473508-state-of-agile-report

業經報告的敏捷效益包括：針對變動的優先事項進行管理的能力、專案的可視化、促進公司與IT部門間的協調性、加快上市時間、提升生產力，以及降低專案的風險等等。

Brian Fitzgerald、Gerard Hartnett、Kieran Conboy 著，〈在英特爾夏農分公司修改敏捷手法以符合軟體實務〉（Customising Agile Methods to Software Practices at Intel Shannon），*European Journal of Information Systems* 15, no. 2 (January 9, 2006): 200-213. https://doi.org/10.1057/palgrave.ejis.3000605

本研究調查了極限編程（eXtreme programming, XP）、Scrum 等敏捷手法在愛爾蘭夏農的英特爾分公司的量身修改，效益包括程式的缺陷密度變成原本的1/7，專案交付速度也加快。

Freeform Dynamics，《敏捷與開發維運如何落實數位準備程度與轉型》（*How Agile and DevOps Enable Digital Readiness and Transformation*），Freeform Dynamics, February 2018. https://freeformdynamics.com/software-delivery/agile-devops-enable-digital-readiness-transformation/

平均來說，「敏捷大師」企業的營收成長會比同儕高六成，成長率在兩成以上的機會也比同儕多2.4倍。

Suzette Johnson、Richard Cheng、Stosh Misiazek、Stephanie Greytak、James Boston 著，《敏捷手法的企業案例》（*The Business Case for Agile Methods*），Arlington, VA: Association for Enterprise Information, 2011. http://docplayer.net/5838794-The-business-case-for-agile-methods.html

愛國者神劍（Patriot Excalibur, PEX）軟體公司的交付週期從18個月縮短到22週；BMC公司採用敏捷後，個別團隊生產力提升了二成至五成；美國人口普查局（US Census Bureau）只要花原本三分之一的人力，就能以快一倍的速度滿足別人委託的需求。

Adarsh K. Kakar 著，〈是什麼在敏捷專案中激勵了團隊成員與用戶？〉（What Motivates Team Members and Users of Agile Projects?），*Proceedings of the Southern Association for Information Systems Conference* 17. Atlanta: Association for Information Systems (AIS), 2013. https://aisel.aisnet.org/sais2013/17

敏捷手法加強了專案團隊成員的完成效應，激勵他們朝著完成專案邁進。

Diego Lo Giudice、Christopher Mines、Amanda LeClair、Luis Deya、Andrew Reese 著，《2017年敏捷現況：敏捷規模化》（*The State of Agile 2017: Agile at Scale*），Forrester, December 14, 2017. https://www.forrester.com/report/The+State+Of+Agile+2017+Agile+At+Scale/-/E-RES140411

敏捷的效益包括產品釋出頻率更高、顧客得到更好的體驗、企業與IT更能校準、功能性品質提升，以及團隊士氣增加。

Leonard Przybilla、Manuel Wiesche、Helmut Krcmar 著，〈敏捷實務做法對軟體工程團隊績效之影響：次團體觀點〉（The Influence of Agile Practices on Performance in Software Engineering Teams: A Subgroup Perspective），In *Proceedings of the 2018 ACM SIGMIS Conference on Computers and People Research*, 33-40. New York: Association for Computing Machinery, June 2018. https://doi.org/10.1145/3209626.3209703

每日立會與反省降低了衝突的等級，促進了績效與滿意度。

Donald J. Reifer 著，〈敏捷手法有多好？〉（How Good Are Agile Methods?），*IEEE Software* 19, no. 4 (2002): 16-18. https://doi.org/10.1109/MS.2002.1020280

效益包括生產力提升（15%至23%）、成本降低（5%至7%）、上市時間也縮短了（25%至50%）。

David F. Rico 著，《敏捷手法的投資報酬率有多少？》（What Is the Return on Investment (ROI) of Agile Methods?），Semantic Scholar（建有人工智慧的科學文獻免費研究工具），Accessed December 17, 2019. https://pdfs.semanticscholar.org/8e3d/c7208bc743037716f327ba98a7fcb1a69502.pdf

根據所檢視的文件，敏捷手法的運用，可以增加成本效益、提高生產力、提升品質、縮短周期時間，以及提升顧客滿意度。

Scrum Alliance，《Scrum 現況 2017-18 報告》（State of Scrum 2017-18 Report），ScrumAlliance. Accessed December 17, 2019. https://www.scrumalliance.org/learn-about-scrum/state-of-scrum

97%的參與者都表示，未來會持續使用Scrum。採行敏捷的效益包括：顧客對交付物的滿意度提升、上市時間更短、品質更好、員工士氣提振，以及IT的投資報酬率增加。

Pedro Serrador、Andrew Gemino、Blaize H. Reich 著，〈打造讓專案成功的氛圍〉（Creating a Climate for Project Success），*Journal of Modern Project Management* 6 (2018): 38-47.

高階管理團隊的支持、利害關係人的參與、得到百分之百授權的團隊、針對敏捷手法提供的支持、與產品負責人的頻繁開會，以及良好的團隊心態，都和專案的成功有關。

Pedro Serrador、Jeffrey K. Pinto 著，〈敏捷管用嗎？──敏捷專案成功的定量分析〉（Does Agile Work?—A Quantitative Analysis of Agile Project Success），*International Journal of Project Management* 33, no. 5 (July 1, 2015): 1040-1051. https://doi.org/10.1016/j.ijproman.2015.01.006

敏捷手法對於效率以及整體利害關係人的滿意度有正面影響。

史丹迪希集團（Standish Group），《混沌報告：決策延遲理論：一切都和區間有關》（*CHAOS Report: Decision Latency Theory: It's All about the Interval*），Boston: Lulu.com, 2018. https://www.standishgroup.com/store/

敏捷專案的成功機率比非敏捷專案高60%（42.5%對26%），失敗機率是非敏捷專案的三分之一（8%對21%）。

報告中並沒有這樣的發現

Alexander Budzier、Bent Flyvbjerg 著，〈透過冪次法則的運用，理解離群值在專案管理中的影響與重要性〉（Making Sense of the Impact and Importance of Outliers in Project Management through the Use of Power Laws），In *Proceedings of International Research Network on Organizing by Projects at Oslo* 11 (June 1, 2013). New York: SSRN, 2016. https://ssrn.com/abstract=2289549

採用更多敏捷方法論的群體，在中介成本與時程上並無顯著的不同，也並未帶來更好的績效。

Ana Magazinius、Robert Feldt著，〈在軟體成本估算的實務做法中找出扭曲行為〉（Confirming Distortional Behaviors in Software Cost Estimation Practice），In *Proceedings of the 37th EUROMICRO Conference on Software Engineering and Advanced Applications*, 411-418. Institute of Electrical and Electronics Engineers, November 3, 2011. https://doi.org/10.1109/SEAA.2011.61

該研究檢視了敏捷企業與非敏捷企業間的變異，發現這兩種方法論之間，在能否成功達到時間與預算目標上，以及未能達成的原因上，並未呈現顯著差異。

尚無定論

Tore Dybå、Torgeir Dingsøyr著，〈敏捷軟體開發的實證研究：系統性回顧〉（Empirical Studies of Agile Software Development: A Systematic Review），*Information and Software Technology* 50, nos. 9-10 (August 2008): 833-859. https://doi.org/10.1016/j.infsof.2008.01.006

四項研究顯示，和傳統團隊比起來，敏捷團隊的生產力高出42%，但這幾項研究的品質並不高。

Johan Eveleens、Chris Verhoef著，〈混沌報告數據的起與落〉（The Rise and Fall of the Chaos Report Figures），*IEEE Software* 27, no. 1 (January-February 2010): 30-36. https://doi.org/10.1109/MS.2009.154

這篇文章批判了史丹迪希混沌報告（Standish chaos report）的方法論（譯注：知名資訊顧問公司史丹迪希集團每年一度公布全球資訊類專案的成功與失敗比率）。坊間經常引用其有關敏捷之效益的報告。

Mikael Lindvall、Vic Basili、Barry Boehm、Patricia Costa、Kathleen Dangle、Forrest Shull、Roseanne Tesoriero等著，〈敏捷手法的實證發現〉（Empirical Findings in Agile Methods），In *Extreme Programming and Agile Methods—XP/Agile Universe 2002*, 197-207. Berlin: Springer, 2002. https://doi.org/10.1007/3-540-45672-4_19

採行敏捷的效益包括：增進與顧客的合作，以及在處理缺陷與預估方面有所改善。但面臨的限制包括：結對程式設計（pair programming）讓人感受到缺乏效率，以及對設計與架構的議題缺少關注。

敏捷透過多個團隊擴大實施後，效益依然持續

報告中確實有這樣的發現

Alan Atlas著，〈意外的採用：Scrum在亞馬遜網站的故事〉（Accidental Adoption: The Story of Scrum at Amazon.com），In *Agile 2009 Conference*, 135-140. Institute of Electrical and Electronics Engineers, September 25, 2009. https://doi.org/10.1109/AGILE.2009.10

從2004至2009年，Scrum在亞馬遜內部拓展到有一大部分的軟體開發團隊都是採用它。其採用Scrum的關鍵成功因素包括

文化、團隊的規模要小、內部擁護者，以及訓練。

Alan W. Brown 著，〈在交付上擴大實施敏捷之個案研究〉（A Case Study in Agile-at-Scale Delivery），In *Agile Processes in Software Engineering and Extreme Programming. XP 2011. Lecture Notes in Business Information Processing* 77, 266-291. Berlin: Springer, 2011. https://doi.org/10.1007/978-3-642-20677-1_19

陳述了一家銀行擴大實施敏捷的情形。內部的八個試行計畫呈現生產力與品質的提升。

Chris Fry、Steve Greene 著，〈隨選世界裡的大規模敏捷轉型〉（Large Scale Agile Transformation in an On-Demand World），In *AGILE 2007*, 136-142. Institute of Electrical and Electronics Engineers, August 27, 2007. https://doi.org/10.1109/AGILE.2007.38

描述了 Salesforce.com 擴大實施敏捷的情形。在全公司的意見調查中有八成的人相信，新的開發方法，使得團隊做起事來更有效率。

Jörgen Furuhjelm、Johan Segertoft、Joe Justice 與 J.J. 薩瑟蘭（J. J. Sutherland）著，〈用敏捷擁有那片天空〉（Owning the Sky with Agile），Global Scrum Gathering, San Diego, California, April 10-12, 2017. https://www.scruminc.com/wp-content/uploads/2015/09/Release-version_Owning-the-Sky-with-Agile.pdf

藉由擴大實施敏捷，紳寶的國防部門得以用較低成本交付飛機，而且建造的速度更快，品質更好。

Magne Jørgensen 著，〈敏捷手法在大型軟體專案上管用嗎？〉
（Do Agile Methods Work for Large Software Projects?），In *Agile Processes in Software Engineering and Extreme Programming. XP 2018. Lecture Notes in Business Information Processing* 314: 179-190. Cham, Switzerland: Springer, 2018. https://doi.org/10.1007/978-3-319-91602-6_12

在中大型軟體專案中採用敏捷手法，平均績效比起使用非敏捷手法來得好很多。

Martin Kalenda、Petr Hyna、Bruno Rossi 著，〈在大型組織擴大實施敏捷：實務做法、挑戰，以及成功因素〉（Scaling Agile in Large Organizations: Practices, Challenges, and Success Factors），*Journal of Software: Evolution and Process* 30, no. 10 (May 16, 2018). https://doi.org/10.1002/smr.1954

全球的軟體公司能夠成功地擴大實施敏捷，是藉由修改流程以符合公司的需求、保持敏捷的心態，以及擁有有經驗的敏捷團隊成員。

R. Knaster、D. Leffingwell 著，《SAFe 4.0 精粹：運用大規模敏捷框架實現精實軟體與系統工程》（*SAFe 4.0 Distilled: Applying the Scaled Agile Framework for Lean Software and Systems Engineering*），Boston: Addison-Wesley, 2017.

引述了許多公司在採用「大規模敏捷框架」（Scaled Agile Framework, SAFe）擴大實施敏捷後，在品質、生產力、員工

參與等許多層面有所提升，而且上市時間變快，在程式執行、校準以及透明度上也都有所改善。

Kirsi Korhonen 著，〈敏捷轉型的影響之評估：分散式情境下的詮釋性個案研究〉（Evaluating the Impact of an Agile Transformation: A Longitudinal Case Study in a Distributed Context），*Software Quality Journal* 21 (November 1, 2012): 599-624. https://doi.org/10.1007/s11219-012-9189-4

　　諾基亞西門子通訊公司（Nokia Siemens Networks）在可視化、因應需求改變的能力、軟體開發品質，以及員工動機等層面上，都有所提升。

Lina Lagerberg、Tor Skude、Pär Emanuelsson、Kristian Sandahl、Daniel Ståhl 著，〈在大規模軟體開發專案中採用敏捷原則與實務做法之影響：愛立信公司兩個專案的多重個案研究〉（The Impact of Agile Principles and Practices on Large-Scale Software Development Projects: A Multiple-Case Study of Two Projects at Ericsson），In *2013 ACM / IEEE International Symposium on Empirical Software Engineering and Measurement*, 348-356. Institute of Electrical and Electronics Engineers, December 12, 2013. https://doi.org/10.1109/ESEM.2013.53

　　他們的研究發現，敏捷的執行有助於知識的分享，這與專案可視化及合作的有效性有關，可能也提升了生產力。

Maria Paasivaara、Benjamin Behm、Casper Lassenius、Minna

Hallikainen 著,〈愛立信的大規模敏捷轉型：個案研究〉（Large-Scale Agile Transformation at Ericsson: A Case Study）,*Empirical Software Engineering* 23 (January 11, 2018): 2550-2596. https://doi.org/10.1007/s10664-017-9555-8

描述愛立信如何在產品開發的新計畫中導入敏捷,同時又野心勃勃地擴大實施它。關鍵成功因素包括要秉持敏捷心態、推動漸進式改變（而非翻天覆地式的即刻同步改變）,以及為公司量身訂做擴大實施的手法。

Joachim Schnitter、Olaf Mackert 著,〈思愛普的大規模敏捷軟體開發〉（Large-Scale Agile Software Development at SAP AG）,In *Evaluation of Novel Approaches to Software Engineering. Communications in Computer and Information Science*, 209-220. Berlin: Springer, 2011. https://doi.org/10.1007/978-3-642-23391-3_15

思愛普擴大實施敏捷到 12 個全球據點的 18,000 名開發人員身上。雖然執行起來很困難,敏捷確實大幅改善了透明度與非正式溝通。

Aashish Vaidya 著,〈DAD 最清楚嗎？或者用 LeSS 還是 SAFe 框架會比較好？在企業導入擴大實施敏捷的實務做法〉（Does DAD Know Best, Is It Better to Do LeSS or Just Be SAFe? Adapting Scaling Agile Practices into the Enterprise）,Presented at the Pacific Northwest Software Quality Conference, Portland, OR, October 20-22, 2014. http://www.uploads.pnsqc.org/2014/Papers/t-033_Vaidya_paper.pdf

Cambia 健康解決方案公司（Cambia Health Solutions）橫跨 40 多個團隊推動 Scrum 以及其他敏捷實務做法。效益包括交付流程以及品質實務做法上的提升。

尚無定論

Elizabeth Bjarnason、Krzysztof Wnuk、Björn Regnell 著，〈在大規模需求工程中使用敏捷實務做法的效益與副作用之個案研究〉（A Case Study on Benefits and Side-Effects of Agile Practices in Large-Scale Requirements Engineering），In *Proceedings of the 1st Agile Requirements Engineering Workshop*, 1-5. New York: ACM, 2011. https://doi.org/10.1145/2068783.2068786

研究結果顯示，敏捷實務做法（至少部分地）處理了大規模軟體開發中某些與傳統需求工程有關的挑戰與議題，但也帶來一些新的挑戰。

Kieran Conboy、Noel Carroll 著，〈大規模的敏捷框架的實施：挑戰與建議〉（Implementing Large-Scale Agile Frameworks: Challenges and Recommendations），*IEEE Software* 36, no. 2 (March-April 2019): 44-50. https://doi.org/10.1109/MS.2018.2884865

描述擴大實施敏捷的挑戰，並給予緩解這些挑戰的建議。

Kim Dikert、Maria Paasivaara、Casper Lassenius 著，〈大規模敏捷轉型的挑戰與成功因素：一次系統化的文獻回顧〉（Challenges and Success Factors for Large-Scale Agile Transformations: A Systematic Literature Review），*Journal of Systems and Software* 119 (September

2016): 87-108. https://doi.org/10.1016/j.jss.2016.06.013

為大規模敏捷轉型找出挑戰與成功因素。

Nils Moe、Bjørn Dahl、Viktoria Stray、Lina Sund Karlsen、Stine Schjødt-Osmo 著,〈大規模敏捷的團隊自主〉(Team Autonomy in Large-Scale Agile),夏威夷大學馬諾阿分校的數位典藏資料庫 ScholarSpace,January 8, 2019. https://doi.org/10.24251/HICSS.2019.839

找出擴大實施敏捷時有礙於團隊自主的因素,並提出緩解的建議。

Maria Paasivaara 著,〈在全球設點的組織裡採用 SAFe 框架來擴大實施敏捷〉(Adopting SAFe to Scale Agile in a Globally Distributed Organization),In *Proceedings of 2017 IEEE 12th International Conference on Global Software Engineering*, 36-40. Institute of Electrical and Electronics Engineers, July 17, 2017. https://doi.org/10.1109/ICGSE.2017.15

文中陳述在全球設點的軟體開發公司 Comptel 如何在兩個事業部採用 SAFe 框架。由於可以從第一個事業部的經驗中學習,第二個事業部實施起來更為成功。

Maria Paasivaara、Casper Lassenius 著,〈在全球設點的大型組織中擴大實施 Scrum:個案研究〉(Scaling Scrum in a Large Globally Distributed Organization: A Case Study),In *2016 IEEE 11th International Conference on Global Software Engineering*, 74-83.

Institute of Electrical and Electronics Engineers, September 29, 2016. https://doi.org/10.1109/ICGSE.2016.34

> 商業方面的敏捷轉型很成功，但團隊缺乏敏捷思維，並未採用所有LeSS框架所建議的重要實務做法，團隊間的合作也不夠。

Maria, Paasivaara、Casper Lassenius、Ville T. Heikkilä 著，〈全球分布的大規模 Scrum 中的跨團隊合作：Scrum 的 Scrum 真的管用嗎？〉（Inter-Team Coordination in Large-Scale Globally Distributed Scrum: Do Scrum-of-Scrums Really Work?），In *Proceedings of the 2012 ACM-IEEE International Symposium on Empirical Software Engineering and Measurement*, 236-238. New York: ACM, 2012. https://doi.org/10.1145/2372251.2372294

> Scrum 的 Scrum 會議因為會有來自所有團隊的代表參與，因此將遭受到嚴重的質疑。但團隊與團隊間的會議當與會者有著共同的目標與利益時，開起會來會更有效率。

在 IT 部門以外的單位實施敏捷，仍然有效益

報告中確實有這樣的發現

CMG Partners 著，《第六屆年度行銷長的議程：敏捷的優勢》（*Sixth Annual CMO's Agenda: The Agile Advantage*），CMOs Agenda, 2013. https://cmosagenda.com/always-always-agile

> 在行銷上採用敏捷的效益，包括在速度、適應能力、生產力安

排優先順位的能力等層面的改善，以及更能創造以顧客為中心的成果等。

Andrea Fryrear著，〈敏捷行銷之現狀〉（State of Agile Marketing），敏捷行銷訓練諮詢暨教練組織AgileSherpas，2019年12月18日點閱，https://www.agilesherpas.com/state-of-agile-marketing-2019/

32%的與會者在行銷上採用了一部分的敏捷方法論；一半的與會者準備在隔年導入敏捷。效益包括建立適應能力、提升品質以及加快速度。

Jörgen Furuhjelm、Johan Segertoft、Joe Justice與J.J.薩瑟蘭（J. J. Sutherland）著，〈用敏捷擁有那片天空〉（Owning the Sky with Agile），Global Scrum Gathering, San Diego, California, April 10-12, 2017. https://www.scruminc.com/wp-content/uploads/2015/09/Release-version_Owning-the-Sky-with-Agile.pdf

紳寶國防公司在建造新式多角色戰鬥機JAS 39E紳寶「獅鷲」時，硬體與軟體團隊都採用敏捷手法處理問題。該戰機得以用較低的成本建造，但是建造的速度更快，品質更好。

Keith R. McFarland著，〈是否該用開發軟體的手法來制定策略？〉（Should You Build Strategy Like You Build Software?），*MIT Sloan Management Review* 49, no. 3 (2009): 69-74. https://sloanreview.mit.edu/article/should-you-build-strategy-like-you-build-software/

Shamrock食品公司成功建置了螺旋規劃模式，一種敏捷的策略制定手法。

Stefano Petrini、Jorge Muniz Jr. 著，〈在航太部門應用Scrum管理手法〉（Scrum Management Approach Applied in Aerospace Sector），Presented at the IIE Annual Conference, Montreal, Canada, May 31– June 3, 2014.

　　針對飛機零件做系統測試時，導入敏捷改善了效率、適應性、可視化，以及員工動機。

Amy Raubenolt 著，〈針對獲外部贊助的專案，分析合作性問題解決機制：應用五天衝刺期模型〉（An Analysis of Collaborative Problem-Solving Mechanisms in Sponsored Projects: Applying the 5-Day Sprint Model），*Journal of Research Administration* 47, no. 2 (2016): 94-111. https://files.eric.ed.gov/fulltext/EJ1152255.pdf

　　美國全國兒童醫院研究院的融資與贊助專案辦公室，透過為期五天的設計衝刺期，重新設計了報告流程。衝刺期結束後得到的意見回饋極為正面，所有團隊都推薦未來碰到問題時，都要用衝刺期模式解決。

Constantin Scheuermann、Stephan Verclas 與 Bernd Bruegge 著，〈敏捷工廠──工業4.0製造流程的一個例子〉（Agile Factory— An Example of an Industry 4.0 Manufacturing Process），In *2015 IEEE 3rd International Conference on Cyber-Physical Systems, Networks, and Applications*, 43-47. Institute of Electrical and Electronics Engineers, September 21, 2015. https://doi.org/10.1109/ CPSNA.2015.17

文中提及成功開發出一種敏捷工廠原型，好將敏捷軟體工程技術，移轉到製造領域中。

Pedro Serrador、Jeffrey K. Pinto 著，〈敏捷管用嗎？──敏捷專案成功的定量分析〉（Does Agile Work?—A Quantitative Analysis of Agile Project Success），*International Journal of Project Management* 33, no. 5 (July 2015): 1040-1051. https://doi.org/10.1016/j.ijproman.2015.01.006

根據橫跨多個產業、國家以及專案類型的 1,002 個專案的資料樣本，敏捷／迭代手法應用得愈多，呈現出來的專案成果就愈好。

Ryan Skinner、Mary Pilecki、Melissa Parrish、Lori Wizdo、Jessica Liu、Chahiti Asarpota、Christine Turley 著，《將敏捷方法論應用在行銷中對顧客的極度注重上》（*Agile Methodology Embeds Customer Obsession in Marketing*），Forrester, July 1, 2019. https://www.forrester.com/report/Agile+Methodology+Embeds+Customer+Obsession+In+Marketing/-/E-RES139938

舉出許多在行銷上採用敏捷原則與實務做法的企業案例。效益包括在專注度、上市時間、變革因應能力等層面的改善，以及在團隊能力上更講究務實。

Anita Friis Sommer、Christian Hedegaard、Iskra Dukovska-Popovska、Kenn Steger-Jensen 著，〈藉由混用敏捷與階段─關卡手法改善產品開發績效：下一代的階段─關卡流程呢？〉（Improved

Product Development Performance through Agile/Stage-Gate Hybrids: The Next-Generation Stage-Gate Process? ），*Research-Technology Management* 58 (December 28, 2015): 34-45. https://doi.org/10.5437/08956308X5801236

混用敏捷與階段─關卡手法的五家公司傳出可觀的正面效益，包括效率的提升、流程的迭代減少、可視性增加、目標定義得更適切、顧客抱怨減少，以及團隊責任感與士氣的提升。

傑夫・薩瑟蘭（Jeff Sutherland）、J.J.薩瑟蘭（J. J. Sutherland）著，《SCRUM：用一半的時間做兩倍的事》（*Scrum: The Art of Doing Twice the Work in Half the Time*），New York: Crown Business, 2014.

提供在各種部門與產業成功採用Scrum的企業實例。例如，荷蘭許多學校部署了Scrum，結果考試成績提升了一成。

Rini van Solingen、傑夫・薩瑟蘭（Jeff Sutherland）、Denny de Waard 著，〈銷售中的 Scrum：如何改善客戶管理與銷售流程〉（Scrum in Sales: How to Improve Account Management and Sales Processes），In *Agile 2011 Conference*, 284-288. Institute of Electrical and Electronics Engineers, August 20, 2011. https://doi.org/10.1109/AGILE.2011.12

在銷售與客戶管理上採用Scrum的效益包括營收、團隊自我激勵，以及銷售可預測性的提升。

Marian H. H. Willeke 著，〈學術活動中的敏捷：在教學設計上應用敏捷〉（Agile in Academics: Applying Agile to Instructional

Design），In *Agile 2011 Conference*, 246-251. Institute of Electrical and Electronics Engineers, August 30, 2011. https://doi.org/10.1109/AGILE.2011.17

在課程設計上應用敏捷，提升了生產力與員工動機。

尚無定論

Saeema Ahmed-Kristensen、Jaap Daalhuizen著，〈率先嘗試在新產品開發中併用敏捷手法與階段—關卡模型——來自製造業的幾個實例〉（Pioneering the Combined Use of Agile and Stage-Gate Models in New Product Development—Cases from the Manufacturing Industry），*Proceedings of Innovation & Product Development Management Conference*, Copenhagen, Denmark, June 14-16, 2015. https://pdfs.semanticscholar.org/a53d/1f7909c01c8626b8da9dfa5ae721 4f6e658b.pdf

導入敏捷可以更快發現調整需求的必要性，改善非正式的知識分享。但仍有一些挑戰在，包括理解如何既維持敏捷與歡迎設計需求上的變動，又能同時符合嚴格的監管。

敏捷企業的工作成果有所改善

報告中確實有這樣的發現

Steven Appelbaum、Rafael Calla、Dany Desautels、Lisa N. Hasan著，〈組織敏捷性的挑戰：第二部分〉（The Challenges of

Organizational Agility: Part 2. ），*Industrial and Commercial Training* 49, no. 2 (February 6, 2017): 69-74. https://doi.org/10.1108/ICT-05-2016-0028

組織的敏捷性讓員工得以預應未能預期的環境變動，但並不容易實現，有賴於領導團隊、決策機制、技能，以及人際關係等層面的變革。

Business Agility Institute 著，《2019 年商業敏捷性報告：門檻提高》（*2019 Business Agility Report: Raising the B.A.R.*），2nd ed. Business Agility Institute. https://businessagility.institute/learn/2019-business-agility-report-raising-the-bar/.

商業敏捷性業經揭露的效益包括顧客滿意度增加、員工滿意度增加，以及市場績效改善。

Stephen Denning 著，《敏捷年代：聰明的公司正在改變完成工作的方式》（*The Age of Agile: How Smart Companies Are Transforming the Way Work Gets Done*），New York: AMACOM, 2018.

書中提供了敏捷企業（或正在成為敏捷企業的公司）的例子，說明他們的成功是來自於品質、創新，以及上市速度的改善。

Marie Glenn 著，《組織敏捷性：企業如何能在動亂的時代裡存活與興盛》（*Organisational Agility: How Business Can Survive and Thrive in Turbulent Times*），Economist Intelligence Unit, CFO Innovation, March 1, 2010.

受訪的高階主管中，有將近九成相信，組織敏捷性對於企業的成功來說極為重要。文中引用的研究提及，敏捷企業的營收成長速度比非敏捷企業快37%，創造的獲利也比非敏捷企業多三成。

專案管理學會（Project Management Institute）著，〈達成更高的敏捷性：加速實現成果的人力與流程驅動因素〉（Achieving Greater Agility: The People and Process Drivers that Accelerate Results），Project Management Institute, September 2017. https://www.pmi.org/learning/thought-leadership/pulse/agile-project

敏捷性高的組織會有更多專案的成果能夠符合原始目標與商業意圖；營收的成長更多，有75%的組織至少有5%的年營收成長率；也更可能落實人力與流程的驅動因素。

Nibedita Saha、Ales Gregar、Petr Sáha著，〈組織敏捷性與人力資源管理策略：它們是否真能提升企業競爭力？〉（Organizational Agility and HRM Strategy: Do They Really Enhance Firms' Competitiveness?），*International Journal of Organizational Leadership* 6 (2017): 323-334. https://doi.org/10.33844/ijol.2017.60454

研究顯示，覺察能力（感知的敏捷性）、反應能力（決策的敏捷性）以及組織的及時性（行動的敏捷性）可以促成個人能力、組織學習，以及組織創新性的提升。

J.J.薩瑟蘭（J. J. Sutherland）著，《SCRUM敏捷實戰手冊：增強績效、放大成果、縮短決策流程》（*The Scrum Fieldbook: A Master*

Class on Accelerating Performance, Getting Results, and Defining the Future），New York: Currency, 2019.

書中舉了一些例子，說明成為一家文藝復興企業（也就是在組織上下擴大實施Scrum）的效益。

楊千（Chyan Yang）、劉憲明（Hsian-Ming Liu）著，〈藉由企業敏捷性與網絡結構提升公司績效〉（Boosting Firm Performance via Enterprise Agility and Network Structure），*Management Decision* 50 (June 22, 2012): 1022-1044. https://doi.org/10.1108/00251741211238319

研究結果顯示，企業的敏捷能力與網絡結構對於其績效而言至關重要。此外，企業敏捷性較高的公司，開發網絡結構的能力較強。

尚無定論

艾瑞克·萊斯（Eric Ries），《精實新創之道：現代企業如何利用新創管理達成永續成長》（*The Startup Way: How Modern Companies Use Entrepreneurial Management to Transform Culture and Drive Long-Term Growth*），New York: Currency, 2017.

書中舉了一些公司的例子，說明在全組織上下導入敏捷與企業家精神後，促進營收成長與促成創新的情形。不過，書中最知名的例子奇異（GE），卻在採行精實創業的做法後，面臨了歷史性的股價跌勢。

注釋

前言

1. 在調查的101,592家各國軟體開發商當中，有85.9%在工作中使用敏捷手法。〈開發商調查結果，2018年〉（Developer Survey Results, 2018），程式設計問答網站Stack Overflow，2019年12月9日點閱，https://insights.stackoverflow.com/survey/2018#development-practices

2. 西爾斯控股（Sears Holdings），〈西爾斯控股概述下一階段的策略轉型〉（Sears Holdings Outlines Next Phase of Its Strategic Transformation），新聞稿，2017年2月10日，https://searsholdings.com/press-releases/pr/2030

3. 見韋伯（Max Weber）的經典著作《新教倫理與資本主義精神》（*The Protestant Ethic and the Spirit of Capitalism*）。最新的版本是由Routledge Classics出版（牛津與紐約，2001年）。

4. 佛德烈·泰勒（Frederick Winslow Taylor），《科學管理的原則》（*The Principles of Scientific Management*）（紐約：Harper & Brothers出版，1911年）。亦可參考古騰堡計畫（Project Gutenberg）。

5. 見Dominic Barton、Dennis Carey、Ram Charan著，〈一家銀行的敏捷團隊實驗〉（One Bank's Agile Team Experiment），《哈

佛商業評論》（*Harvard Business Review*），2018年3月4月號，59-61頁。

6. 安東尼・莫西諾（Anthony Mersino），〈敏捷專案的成功率比傳統專案高兩倍（2019年）〉（Agile Project Success Rates 2X Higher than Traditional Projects (2019)），敏捷訓練業者Vitality Chicago，2018年4月1日，https://vitalitychicago.com/blog/agile-projects-are-more-successful-traditional-projects/

第一章

1. 竹內弘高（Hirotaka Takeuchi）、野中郁次郎（Ikujiro Nonaka），〈新新產品開發遊戲〉（The New New Product Development Game），《哈佛商業評論》（*Harvard Business Review*），1986年1月2月號，137-146頁。

2. 竹內弘高、野中郁次郎，〈新新產品開發遊戲〉，137頁。

3. James O. Coplien，〈Borland軟體工藝：流程、品質與生產力的新觀點〉（Borland Software Craftsmanship: A New Look at Process, Quality and Productivity），《第五屆Borland年度國際會議論文集》（*Proceedings of the 5th Annual Borland International Conference*），美國佛羅里達州奧蘭多，1994年6月5日，https://pdfs.semanticscholar.org/3a09/1c3f265de024b18ccbf88a6ae ad223133e39.pdf

4. 史蒂芬・高曼（Steven L. Goldman）、羅傑・耐吉爾（Roger N. Nagel）與肯尼斯・普瑞斯（Kenneth Preiss），《敏捷競爭者與虛擬組織：幫助顧客致富的策略》（*Agile Competitors and Virtual Organizations: Strategies for Enriching the Customer*）（紐

約：John Wiley 出版，1994年）。

5. 該敏捷宣言可以在這裡看到：https://agilemanifesto.org/（2019年12月30日點閱）。

6. 戴瑞·里格比、傑夫·薩瑟蘭、竹內弘高，〈擁抱敏捷：如何精通正促使管理轉型的這套流程〉（Embracing Agile: How to Master the Process That's Transforming Management），《哈佛商業評論》，2016年5月，40-50頁。

7. 戴瑞·里格比、傑夫·薩瑟蘭、竹內弘高，〈擁抱敏捷〉，42頁。

第二章

1. 塞巴斯提安·瓦格納（Sebastian Wagner）個人訪談，2017年。

2. 史考特·費茲傑羅（F. Scott Fitzgerald），〈崩潰〉（The Crack-Up），原本最早發布於《君子》（Esquire）雜誌，1936年2月至4月號。

3. 巴特·施拉曼（Bart Schlatmann）、Peter Jacobs，〈ING的敏捷轉型〉（ING's Agile Transformation），接受Deepak Mahadevan的訪談，《麥肯錫季刊》（McKinsey Quarterly），2017年1月，https://www.mckinsey.com/industries/financial-services/our-insights/ings-agile-transformation

4. 泰咪·斯帕羅（Tammy Sparrow），電話訪談，2017年11月17日與27日。

5. 見CollabNet VersionOne著，《第十三回年度敏捷現況報告》（13th Annual State of Agile Report），敏捷現況（State of Agile），2019年5月7日，https://www.stateofagile.com/?_ga=2.211020822.

2043163775.1579308446-1467289744.1577216170#ufh-i-521251909-13th-annual-state-of-agile-report/473508

6. 亨里克・克尼柏格（Henrik Kniberg）、安德斯・伊瓦爾森（Anders Ivarsson），〈用部落、小隊、分會與公會在Spotify擴大實施敏捷〉（Scaling Agile @ Spotify with Tribes, Squads, Chapters & Guilds），2012年10月，https://blog.crisp.se/wp-content/uploads/2012/11/SpotifyScaling.pdf

第三章

1. 馬克・艾倫（Mark Allen），〈馬克・艾倫專訪，談心跳率訓練法與賽跑〉（Mark Allen Interview on Heart Rate Training and Racing），接受Floris Gierman的訪談，Extramilest，2015年7月2日，https://extramilest.com/blog/mark-allen-interview-on-training-and-racing/

2. 馬克・艾倫，〈馬克・艾倫專訪〉。

3. Susan Lacke,〈馬克・艾倫獲票選為史上最了不起的美國三鐵選手〉（Mark Allen Voted Greatest American Triathlete of All Time），2018年5月7日，Ironman，https://www.ironman.com/news_article/show/1042292

4. Michael Sheetz,〈技術正在扼殺美國大企業：企業平均壽命低於20年〉（Technology Killing Off Corporate America: Average Life Span of Companies Under 20 Years），*CNBC*，2017年8月24日，https://www.cnbc.com/2017/08/24/technology-killing-off-corporations-average-lifespan-of-company-under-20-years.html; https://www.innosight.com/insight/creative-destruction/

5. Max Marmer、Ertan Dogrultan,〈新創基因組額外報告:談不成熟的擴大實施〉(Startup Genome Report Extra on Premature Scaling),2012年3月,https://s3.amazonaws.com/startupcompass-public/StartupGenomeReport2_Why_Startups_Fail_v2.pdf(譯注:連結已失效)

6. 例如,參見如下報導:Kate Taylor、Benjamin Goggin,〈49個優步史上最大醜聞〉(49 of the Biggest Scandals in Uber's History),《商業內幕》(*Business Insider*),2019年5月10日,https://www.businessinsider.com/uber-company-scandals-and-controversies-2017-11; Sam Levin,〈優步的醜聞、愚蠢錯誤與公關災難:完整清單〉(Uber's Scandals, Blunders and PR Disasters: The Full List),《衛報》(*Guardian*),2017年6月27日,https://www.theguardian.com/technology/2017/jun/18/uber-travis-kalanick-scandal-pr-disaster-timeline

7. Cadie Thompson,〈伊隆‧馬斯克談未能趕上特斯拉Model 3的量產期限〉(Elon Musk on Missing Model 3 Production Deadlines),《商業內幕》(*Business Insider*)2018年12月9日,https://www.businessinsider.com/elon-musk-blames-missed-model-3-production-targets-stupidity-2018-12?nr_email_referer=1&utm_source=Sailthru&utm_medium=email&utm_content =Tech_select

8. 丹‧洛瓦羅(Dan Lovallo)與丹尼爾‧康納曼(Daniel Kahneman),〈成功的錯覺:樂觀主義如何破壞高階主管們的決策〉(Delusions of Success: How Optimism Undermines Executives' Decisions),《哈佛商業評論》(*Harvard Business Review*),2003年7月,56-63頁。

9. 丹・賈德納（Dan Gardner）與菲爾・泰特洛克（Phil E. Tetlock），《超級預測：洞悉思考的藝術與科學，在不確定的世界預見未來優勢》（*Superforecasting: The Art and Science of Prediction*）（紐約：Broadway Books出版，2016年）。

10. 該公司宗旨出現在其網站上：https://www.warbyparker.com/history（2020年1月2日點閱）

11. 「邦諾書店使命宣言及／或願景宣言」（Barnes & Noble's Mission Statement and/or Vision Statement），http://www.makingafortune.biz/list-of-companies-b/barnes-&-noble.htm（2019年12月10日點閱）。邦諾書店的網站似乎在2019年更新過，簡化了此一宣言：「邦諾書店的使命是要經營美國最棒的全通路專業零售企業，協助我們的顧客與出版業者實現渴望，並在我們所服務的社群裡成為信譽的代名詞。」見https://www.barnesandnobleinc.com/about-bn/（2020年1月2日點閱）

12. 賽事列表可以在維基百科「鐵人三項世界錦標賽」（Ironman World Championship）條目中看到，最後修改時間2019年10月19日，https://en.wikipedia.org/wiki/Ironman_World_Championship

13. 數據來自馬克・艾倫，〈馬克・艾倫專訪〉。

第四章

1. 丹妮拉・克雷莫（Daniela Kraemer），電話訪談，2019年4月1日。

2. 漢可・貝克（Henk Becker），電話訪談，2019年5月2日。

3. 見道格拉斯・麥葛瑞格（Douglas McGregor），《企業的人

性面》（*The Human Side of Enterprise*）（紐約：麥格羅希爾〔McGraw-Hill〕出版，1985年；最初出版於1960年）。

4. 阿瑪·拜德（Amar V. Bhidé），《新事業的起源與進化》（*The Origin and Evolution of New Businesses*）（紐約：牛津大學出版社〔Oxford University Press〕，2000年）。

5. 道格拉斯·麥葛瑞格，《專業經理人》（*The Professional Manager*）（紐約：麥格羅希爾〔McGraw-Hill〕出版，1967年），163頁。

6. 大衛·李嘉圖（David Ricardo），《政治經濟學與賦稅原理》（*On the Principles of Political Economy and Taxation*）（美國紐約州米尼奧拉〔Mineola〕：Dover出版，2004年）。

7. 安·凱特琳·格布哈特（Anne Kathrin Gebhardt），從2019年4月15日開始的多次電話訪談。

第五章

1. 該敏捷宣言可以在這裡看到：https://agilemanifesto.org/（2019年12月30日點閱）。

2. 傑夫·貝佐斯（Jeff Bezos），〈2016年給股東們的一封信〉（2016 Letter to Shareholders），https://blog.aboutamazon.com/company-news/2016-letter-to-shareholders（2020年1月3日點閱）。

3. 戴瑞·里格比（Darrell K. Rigby）、傑夫·薩瑟蘭（Jeff Sutherland）、安迪·諾伯（Andy Noble），〈敏捷規模化〉（Agile at Scale），《哈佛商業評論》（*Harvard Business Review*），2018年5月6月號，95頁。

第六章

1. 錢德勒（Alfred D. Chandler Jr.），《策略與結構：工業企業史的一些篇章》（*Strategy and Structure: Chapters in the History of the Industrial Enterprises*）（美國麻州劍橋：MIT Press出版，1962年），314頁。

2. 丹妮拉・克雷莫（Daniela Kraemer），電話訪談，2019年4月1日。

3. 〈協助增加網路GDP〉（Help Increase the GDP of the Internet），Stripe，https://stripe.com/jobs（2020年1月3日點閱）

4. 〈簡要介紹Stripe的文化〉（A Quick Guide to Stripe's Culture），Stripe，https://stripe.com/jobs/culture（2020年1月6日點閱）

5. 麥可・曼金斯（Michael Mankins）、艾瑞克・加頓（Eric Garton），《時間、人才、活力》（*Time, Talent, Energy*）（波士頓：哈佛商業評論出版社〔Harvard Business Review Press〕出版，2017年）。

6. 漢可・貝克，電話訪談，2019年5月2日。

7. 漢可・貝克，電話訪談。

8. 安妮・里斯（Anne Lis），電話訪談，2019年5月2日。

9. 麥可・曼金斯、艾瑞克・加頓，《時間、人才、活力》，127頁。

10. 麥可・曼金斯、艾瑞克・加頓，《時間、人才、活力》，120頁。

第七章

1. 萊斯・馬得勝（Les Matheson），訪談，愛丁堡，2019年11月17日。

362

2. 馬得勝，訪談。

3. 法蘭斯・伍德斯（Frans Woelders），訪談，愛丁堡，2019年11月5日。

4. Elizabeth Swan、Tracy O'Rourke著，《問題解決者的工具箱：超簡單的精實六標準差之旅導覽》（*The Problem-Solver's Toolkit: A Surprisingly Simple Guide to Your Lean Six Sigma Journey*）（西雅圖：亞馬遜數位服務〔Amazon Digital Services〕，2018年）。

5. Hongyi Chen、Ryan Taylor，〈探索精實管理對創新能力之影響〉（Exploring the Impact of Lean Management on Innovation Capability），《PICMET '09──在根本性改變的年代裡做好技術管理的論文集》（*Proceedings of PICMET '09—Technology Management in the Age of Fundamental Change*），波特蘭國際工程暨技術管理中心（Portland International Center for Management of Engineering and Technology），（紐約：電機電子工程師學會〔Institute of Electrical and Electronics Engineers〕，2009年），816-824頁。

6. Steve Blank，〈當新創企業把一個商業計畫取消〉（When Startups Scrapped the Business Plan），接受Curt Nickisch訪談，《哈佛商業評論》（*Harvard Business Review*）2017年8月23日，https://hbr.org/ideacast/2017/08/when-startups-scrapped-the-business-plan.html

7. Eric Ries，《精實創業：用小實驗玩出大事業》（*The Lean Startup: How Today's Entrepreneurs Use Continuous Innovation to Create Radically Successful Businesses*）（紐約：Crown Publishing出版，2011年），Kindle版，4頁。

8. Marty Cagan，《矽谷最夯‧產品專案管理全書：專案管理大師教你用可實踐的流程打造人人都喜歡的產品》（*Inspired: How to Create Tech Products Customers Love*），（紐約：Wiley出版，2017年），Kindle版，49頁。

第八章

1. 「當一場會議，或是會議的一部分，是根據『查塔姆宮守則』在進行的時候，與會者可自由運用自己收到的資訊，但不能提到原發言者的身分與單位。」見「查塔姆宮守則」（Chatham House Rule），https://www.chathamhouse.org/chatham-house-rule（2019年12月30日點閱）。

2. George Anders，〈亞馬遜的點子機器內部：貝佐斯如何解碼顧客〉（Inside Amazon's Idea Machine: How Bezos Decodes Customers），《富比士》（*Forbes*），2012年4月23日，https://www.forbes.com/sites/georgeanders/2012/04/04/inside-amazon/#1058738b6199

3. 亞馬遜的網站上也列有此一使命。「來和我們一起打造未來」（Come Build the Future with Us），https://www.amazon.jobs/en/working/working-amazon（2019年12月30日點閱）。

4. 亞馬遜的網站上也列有這些原則。「領導原則」（Leadership Principles），https://www.amazon.jobs/en/principles（2019年12月30日點閱）。

5. Eugene Kim，〈傑夫‧貝佐斯給員工的話：「總有一天，亞馬遜會失敗」，但我們的工作就是要盡可能延後它的發生〉（Jeff Bezos to Employees: 'One Day, Amazon Will Fail,' but Our Job Is

to Delay It as Long as Possible），CNBC，2018年11月15日，
https://www.cnbc.com/2018/11/15/bezos-tells-employees-one-day-
amazon-will-fail-and-to-stay-hungry.html

6. 傑克・威爾許（Jack Welch），〈迅速、簡單、自信：傑克・威爾許專訪〉（Speed, Simplicity, Self-Confidence: An Interview with Jack Welch），由諾爾・提區（Noel Tichy）與瑞姆・夏藍（Ram Charan）訪談，《哈佛商業評論》，1989年9月10月號，113頁。

7. 阿瑪・拜德（Amar V. Bhidé），《新事業的起源與進化》（*The Origin and Evolution of New Businesses*）（紐約：牛津大學出版社〔Oxford University Press〕，2000年），61頁。

8. 佛萊德・威爾遜（Fred Wilson），〈早期階段的創投為何會失敗〉（Why Early Stage Venture Investments Fail），合廣投資（Union Square Ventures, USV），2007年11月30日，https://www.usv.com/writing/2007/11/why-early-stage-venture-investments-fail/

9. 丹尼爾・康納曼（Daniel Kahneman），《快思慢想》（*Thinking, Fast and Slow*）（紐約：Farrar, Straus and Giroux，2013年），Kindle版，207頁。

10. 泰瑞莎・艾默伯（Teresa Amabile）與史蒂芬・克拉瑪（Steven J. Kramer），〈小成果的威力〉（The Power of Small Wins），《哈佛商業評論》，2011年5月，https://hbr.org/2011/05/the-power-of-small-wins

致謝

敏捷完全就是在講團隊合作,而這本書再次讓人深切感受到真正的團隊合作有多珍貴、多鼓舞人心,多有樂趣。

我們很感謝貝恩策略顧問公司許許多多的夥伴與同事對我們的慷慨協助。有太多同仁和我們分享自己的時間、研究以及個人經驗,多到我們不可能每一位都謝到。即使如此,倘若沒有提到下列有所貢獻的人士的大名,那我們可就太疏忽了:包括 Tareq Barto, Matt Crupi, Imeyen Ebong, Arun Ganti, Josh Hinkel, Darren Johnson, Phil Kleweno, Michael Mankins, Andy Noble, Prasad Sulur Narasimhan, Eduardo Roma, Dan Schwartz, Herman Spruit, Jess Tan, Chuck Whitten,以及 Chris Zook。我們希望向我們實務領域的所有人士以及研究專家致謝,尤其是 Annie Howard, Ludovica Mottura 以及 Kristin Ronan Thorpe ——是他們貢獻了知識與嚴謹的分析,既支持也挑戰我們的工作。我們很感謝內部的編輯委員們:James Allen, Mike Baxter, Eric Garton, Patrick Litre, Will

Poindexter以及Erika Serow。是他們排除萬難硬是擠出時間來，閱讀本書的早期草稿，幫忙把內容弄得更好。我們也要向由Dawn Pomeroy Briggs帶領的，貝恩的設計團隊致上謝意。我們尤其感謝貝恩的編輯小組——特別是John Case, Paul Judge以及Maggie Locher——他們花了許多時間提供協助，讓書中我們的想法與文字更為清楚與準確。

我們要謝謝我們在哈佛商業評論出版社（Harvard Business Review Press）的兩位編輯Jeff Kehoe與Melinda Merino，因為是他們鼓勵我們寫這本書的，還幫我們從敏捷專家們那裡收集意見回饋，並在稿件內容的細部提升上給予了寶貴的指導。我們也很感謝該出版社的設計專家Stephani Finks。

對於大方、開放而真誠地把他們的經驗貢獻給本書充當架構與個案實例的數百位敏捷實務工作者，我們的人情欠得可大了。很遺憾基於客戶保密以及篇幅限制，我們無法逐一把他們的大名列出來。敏捷社群是由熱情人士所組成的特別群體，他們真正展現出了敏捷宣言中的理想——藉由親身實踐以及協助別人實踐，對外披露符合敏捷原理的更好工作方式。我們要謝謝那些參與了貝恩的「敏捷企業交流會」（Agile Enterprise Exchange）的人士，這是一個由四十多位高階主管所組成的群體，大家分別來自多個產業、地理區域與企業部

門，既同意定期聚會，彼此之間也都保持聯繫，而且還會針對自己的成功經驗以及所遭逢的挑戰，公開分享其見解。是這個交流會幫助了敏捷成為一個有價值而永續的趨勢。是這些人士的許多集體知識形塑出本書的架構。我們要對那些無私地彼此協助，也幫助別人把敏捷做對的人士，致上我們的謝意。

　　最後，我們必須感謝貝瑞茲、艾柯與里格比家族的每一位成員，在撰寫本書過程中展現的容忍與支持。雖然我們在許多週末（有時候連假期期間也是）或是到深夜為止，都把自己關起來專注在研究與撰文上，我們的家人所給予的鼓勵或是對我們的愛卻還是沒有改變。沒有什麼團隊，會比自己的家庭團隊來得重要。

國家圖書館出版品預行編目（CIP）資料

打造敏捷企業：在多變的時代，徹底提升組織和個人效
能的敏捷管理法／戴瑞‧里格比（Darrell Rigby）、
莎拉‧艾柯（Sarah Elk）、史帝夫‧貝瑞茲（Steve
Berez）著；江裕真譯. -- 初版. -- 臺北市：經濟新
潮社出版：英屬蓋曼群島商家庭傳媒股份有限公司城
邦分公司發行, 2022.12
　　面；　　公分. --（經營管理；178）
　　譯自：Doing agile right: transformation without chaos.
　　ISBN 978-626-7195-14-7（平裝）

　　1.企業管理　2.工作效率

494　　　　　　　　　　　　　　　　　　111019502